Construction Safety Production Education and Training Practice

建筑施工安全生产教育培训实务

马 勤 主 编

许 可 周伟明 副主编

人民交通出版社股份有限公司

北 京

内 容 摘 要

本书系统地展现了建筑施工安全生产教育培训知识体系。主要介绍了建筑施工安全概论、安全生产法律法规、建设工程项目专业工程特点及危险性分析、建筑施工安全生产标准强制条款、岗位安全技术操作规程、安全生产事故应急处置、典型安全生产事故案例分析、建筑施工现场安全基础知识等内容。

本书可作为建筑施工安全生产教育培训教材，也可供相关专业工程技术人员参考。

图书在版编目(CIP)数据

建筑施工安全生产教育培训实务／马勤主编. — 北京：人民交通出版社股份有限公司，2021.11
ISBN 978-7-114-17656-2

Ⅰ.①建… Ⅱ.①马… Ⅲ.①建筑企业—安全生产—安全培训—教材 Ⅳ.①TU714

中国版本图书馆 CIP 数据核字(2021)第 210723 号

Jianzhu Shigong Anquan Shengchan Jiaoyu Peixun Shiwu

书　　名	建筑施工安全生产教育培训实务
著作者	马　勤
责任编辑	曲　乐　刘国坤
责任校对	赵媛媛
责任印制	张　凯
出版发行	人民交通出版社股份有限公司
地　　址	(100011)北京市朝阳区安定门外外馆斜街 3 号
网　　址	http://www.ccpcl.com.cn
销售电话	(010)59757973
总 经 销	人民交通出版社股份有限公司发行部
经　　销	各地新华书店
印　　刷	北京鑫正大印刷有限公司
开　　本	787×1092　1/16
印　　张	13.25
字　　数	292 千
版　　次	2021 年 11 月　第 1 版
印　　次	2021 年 11 月　第 1 次印刷
书　　号	ISBN 978-7-114-17656-2
定　　价	36.00 元

　　建筑施工是安全生产高危行业和劳动力密集型产业,施工现场危险因素多,从业人员数量大,生产安全事故易发、多发。教育培训是安全生产基础性工作,如果从业人员不具备基本的安全生产意识和基础生产操作技能,会给安全生产工作埋下重大隐患,正所谓"基础不牢,地动山摇"。

　　加强安全生产教育培训,可提升从业人员安全意识和安全技能,规范操作行为,中断事故连锁进程,避免安全生产事故的发生,对个人生命财产保护、企业健康发展、行业管理水平的提升,甚至是社会发展进步都有重要现实意义。

　　第一,通过加强教育培训,促使从业人员知晓法定的安全生产权利、义务,认清事故的危害性、岗位的危险性和安全生产的重要性,掌握岗位安全生产操作基础知识,提升从业人员安全生产意识,提高安全生产技能水平,防范安全生产事故发生,切实保障从业人员生命财产安全。

　　第二,作为生产力的核心要素,加强员工安全生产教育培训就是对生产力的保护和发展,有助于提高企业安全管理水平,可以增强员工对企业的信赖,稳定员工队伍,提高企业的凝聚力和向心力,增强企业的市场影响力和行业竞争力,促进企业健康发展。

　　第三,可进一步丰富行业安全生产文化,营造良好安全生产氛围,稳定行业安全生产形势,提高从业人员的职业安全感和行业认同感,提升行业就业吸引力,加快建筑施工作业人员向产业工人转型升级,推进建筑施工行业的现代化发展。

　　第四,抓好安全生产教育培训是"预防为主"管理理念的要求,是"以人为本"执政理念的践行。加强建筑施工安全教育培训基础工作,筑牢安全生产防线,也为社会稳定和长治久安贡献力量。

　　本书知识结构完善,语言通俗易懂,系统地展现了建筑施工作业人员入场前三级安全教育培训知识体系。同时,以图文并茂形式展现建筑施工各专业工程的标准化做法和常见隐患,直观明了,增强了趣味性和可读性。此外,本书还建立了安全教育培训考核题库,为考核工作提供依据。本书的编写是建筑施工行业安全管理的一次有益尝试,适合作为建筑施工作业人员入场前三级安全教育培训的教材使用。

贾玉利

2021 年 **9** 月

FOREWORD

　　建筑业是我国国民经济发展的支柱产业；在经济和社会发展中发挥了非常重要的作用。据相关统计，我国建筑业从业人员由 2000 年的 1994.3 万人增加为 2019 年的 5427.1 万人，总产值由 2000 年的 12497.6 亿元提升至 2019 年的 248443.17 亿元，为社会提供了大量的就业岗位，也创造了大量的社会财富。与此同时，由于建筑生产作业方式传统，施工作业危险性较高，生产作业劳动力密集，施工作业人员整体安全生产意识不强、技能水平不高，近年来行业安全生产事故呈高发态势，不但危及作业人员的生命财产安全，也严重影响着建筑业健康发展。

　　在分析建筑施工安全事故众多原因中，安全生产教育培训的缺失和不当成为潜在的主要诱因。《国务院安委会关于进一步加强安全培训工作的决定》（安委〔2012〕10 号）曾指出"培训不到位是重大安全隐患"；2019 年住房和城乡建设部通报指出"现场管理粗放、安全防护不到位、人员麻痹大意"是造成事故的重要原因。

　　为深入贯彻落实国务院、住房和城乡建设部安全生产工作精神，持续推进行业安全生产标准工作，进一步规范建筑工人岗前三级安全生产教育培训及考核工作，筑牢行业安全生产基础防线，特编写本书。本书以现行法律法规为依据，以施工现场三级安全教育培训为需求，以提升建筑工人安全生产意识和基本技能水平为目标，从建筑施工安全管理实际出发，借鉴教育培训"微学习"方式，将建筑施工作业人员安全生产教育培训系统化、片段化，收集施工现场标准化做法及隐患案例的对比照片近 300 张，为培训学习提供更为直观的学习感受。

　　本书主要内容包括：建筑施工安全概论、安全生产法律法规、建设工程项目专业工程特点及危险性分析、建筑施工安全生产标准强制条款、岗位安全技术操作规程、安全生产事故应急处置、典型安全生产事故案例分析、建筑施工现场安全基础知识，共 8 章 50 小节；同时，每一章节都完善了教育培训考核试题，全书共整理了包括填空、选择、判断等各类题型试题近 500 道。

　　本书的编写要感谢人力资源和社会保障部提供宝贵的特培机会，让我有足够的时间和精力开展编写工作;感谢培养单位同济大学提供优秀的学习平台,感谢我的导师桥梁系阮欣教授在本书编写过程中给予的悉心指导,对本书知识结构和展现方式提出宝贵意见;感谢中建新疆第一建筑工程公司提供的图片素材支持。

  本书由马勤担任主编,由许可、周伟明担任副主编,限于编者水平有限,加之时间仓促,书中难免存在遗漏及不足之处,敬请读者批评指正,并对本书的进一步完善提出宝贵意见。

作　者

2021 年 9 月于同济大学

CONTENTS 目录

第1章

建筑施工安全概论

1.1 安全的认识

1.1.1 安全概述

在国家层面,安全是一项战略思想,称之为总体国家安全观。国家安全是指国家政权、主权、统一和领土完整、人民福祉、经济社会可持续发展和国家其他重大利益相对处于没有危险和不受内外威胁的状态,以及保障持续安全状态的能力。

国家安全包括政治安全、国土安全、军事安全、经济安全、文化安全、社会安全、科技安全、网络安全、生态安全、资源安全、核安全、海外利益安全、生物安全、太空安全、极地安全、深海安全(图1-1)。

图 1-1 国家安全观

我国的国家安全观包含五大要素:以人民安全为宗旨,以政治安全为根本,以经济安全为基础,以军事、文化、社会安全为保障,以促进国际安全为依托。

(1)以人民安全为宗旨,就是要坚持以人为本、以人民为中心,坚持国家安全,一切为了人民、一切依靠人民,确保国家安全,具备牢固扎实的群众基础。

(2)以政治安全为根本,就是要坚持中国共产党的领导和中国特色社会主义制度不动摇,把捍卫国家政权安全、制度安全放在首要位置,为国家安全提供根本政治保证。

(3)以经济安全为基础,就是要维护国家经济秩序,确保经济持续稳定健康发展,不断提升经济实力,为国家安全提供坚实物质基础。

(4)以军事、文化、社会安全为保障,就是要注意这些领域面临的大量新情况、新问题,按照各领域规律办事,建立完善强基固本、化险为夷的各项对策措施,为维护国家安全提供硬实力和软实力保障。

(5)以促进国际安全为依托,就是要始终不渝走和平发展道路,在坚决维护我国安全利益的同时,注重维护共同安全,推动建设持久和平、共同繁荣的和谐世界。

综上所述,安全,顾名思义无危则安、无缺则全,通常指人没有受到威胁、危险、危害、损失。人类的整体与生存环境资源的和谐相处,互相不伤害,不存在危险的隐患,是免除了不可接受的损害风险的状态。安全是在人类生产过程中,将系统的运行状态对人类的生命、财产、环境可能产生的损害控制在人类能接受水平以下的状态。

安全与我们的生活息息相关,是我们美好生活的基本需要和根本愿望,与之相反的概念是"危险""危害",伴着一些突发事件发生,比如自然灾害、公共卫生事件、火灾、交通事故、金融诈骗、生产安全事故等,威胁着我们的生活。

没有危险是安全的特有属性,因而可以说安全就是没有危险的状态。这种状态是不以人的主观意志为转移的,而是客观存在的。无论是安全主体自身,还是安全主体的旁观者,都不可能仅仅因为对于安全主体的感觉或认识不同而真正改变主体的安全状态。例如:一个已经处于自由落体状态下的人,不会由于他自我感觉良好而真正安全;一个躺在坚固大厦内一张坚固的大床上而且确实没有任何危险的人,也不会因认为自己危在旦夕就真的面临危险。

1.1.2 建筑施工安全

(1)建筑施工是指工程建设实施阶段的生产活动,是各类建(构)筑物的建造过程,也可以说是把设计图纸上的各种线条,在指定的地点变成实物的过程。它包括基础工程、主体结构、屋面工程、装饰工程等。施工作业的场所称为"施工现场",俗称"工地"。

(2)建筑施工的特点。

①生产流动性。建(构)筑物的固定性决定了生产的流动性,施工所需的大量劳动力、材料、建筑机械围绕固定的建(构)筑物进行生产作业,完成后又流动到下一个产品的施工生产中去。生产的流动性大,加剧了安全管理的难度,造成安全生产多样化。同时产品的固定性导致作业环境的局限性,必须在有限的场地和时间上集中大量的人员、材料、设备进行交叉作业,容易引发事故。

②施工单件性。建筑工程产品的固定性和多样性决定了产品生产的单件性(图1-2 ~图1-4)。一般的工业产品都是按照事先绘制好的设计图纸,在一定时间内进行批量的重复生产,而每一个建筑工程产品则必须按照项目的规划和用户需求,在选定的地点上单独设计、单独施工,产品呈现多样性,施工工艺呈复杂多变性,一栋建筑物从基础、主体到装饰装修,每道工序都有其不同特性,风险因素各不相同。随着工程建设的推进,现场不安全因素也在随时发生变化,各种作业重叠交叉,现场安全问题异常复杂。

③涉及面广、综合性强。从建筑行业内部来讲,建筑施工生产是多工种的综合作业,从外部讲需要多方面的配合协作,安全生产可变因素较多。

④生产条件差异大、可变因素多。建筑施工生产作业的自然条件、技术条件、社会条件常常有很多差别,生产作业的预见性、可控性较差。

图1-2 广州新电视塔

⑤生产周期长、露天作业多,受自然气候条件影响大。一个建设工程项目施工周期短则几个月,长则1年甚至数年才能完成,而且大多是露天施工,酷暑严寒、风吹日晒,作业条件恶劣,工作环境艰苦,容易发生事故。

⑥立体交叉施工、高空地下作业多。高层和超高层建筑带来了施工作业的高空性,由于

地下作业和高空作业都比较多,多工种立体交叉作业增加,施工组织比较复杂,施工危险程度增加,高处坠落、物体打击事故多发。

⑦手工操作、劳动繁重、体力消耗大。建筑施工中很多操作都是手工劳动,比如砌筑工、抹灰工、架子工、钢筋工、管工等诸多工种都是繁重的体力劳动,工作环境简陋、体能消耗大、作业时间长、劳动强度大,职业危害和安全生产风险增大。

上述特点给施工带来很多不安全的因素,如果安全生产管理不到位极易引发建筑施工安全生产事故。

图1-3　中央电视台　　　　　　　图1-4　乌鲁木齐市"六馆一心"

1.1.3　建筑施工安全生产事故

建筑施工安全生产事故是指在建筑工程施工过程中,在施工现场发生的一个或一系列违背人们意愿的,可能导致人员伤亡、设备损坏、建(构)筑物倒塌、安全设施破坏以及财产损失,迫使人们有目的的活动暂时或永久停止的意外事件。

事故的危害及特点:建筑施工安全生产事故的发生,会造成人员的伤亡和财产的损失,具有事故的一般特性,如普遍性、随机性、因果相关性、突变性、潜伏性、危害性、不可逆转性以及可预防性,同时也有其特殊性,具体如下。

严重性:建筑施工发生安全事故,会导致人员伤亡和财产损失,重大生产安全事故会导致群死群伤的严重后果。近年来,建筑施工事故伤亡人数和事故起数仅次于交通和矿山事故,成为人们关注的热点问题之一。

复杂性:建筑工程安全生产的因素众多,造成事故原因错综复杂,即使同一类型事故其发生的原因可能多种多样。因此,在对安全事故进行分析时,增加了判断其性质、原因的复杂性。

可变性:建筑工程施工过程中会出现安全事故隐患,其隐患并非静止的,而可能随着时间的变化不断发展、恶化,若不及时整改和处理往往会发展成事故。因此,生产作业过程中发现安全隐患应及时采取有效措施,进行纠正消除,可以杜绝其发展恶化成为安全事故。

多发性:建筑施工安全生产事故,往往在工程某部位、某工序、某项作业活动中经常发生,如高处坠落、触电、物体打击、坍塌、机械伤害等,因此要注意吸取教训、总结经验,采取有效措施,加强事前预防和事中控制。表 1-1 是 2010—2019 年我国建筑施工事故数量和伤亡数量统计,2010—2019 年我国建筑施工事故数量和伤亡数量趋势如图 1-5 所示。

2010—2019 年我国建筑施工事故起数和伤亡人数统计　　　　　表 1-1

年份(年)	建筑业总产值(亿元)	事故数量(起)	伤亡数量(人)
2010	96031	627	772
2011	116463	589	738
2012	137217	487	624
2013	160366	524	670
2014	176713	522	648
2015	180757	442	554
2016	193566	634	735
2017	213943	692	807
2018	225816	734	830
2019	248445	773	904

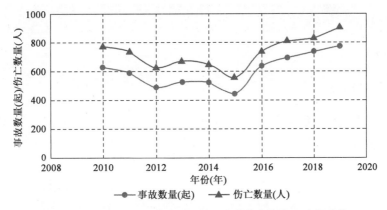

图 1-5　2010—2019 年我国建筑施工事故起数和伤亡人数趋势

从图 1-5 可知,我国建筑施工安全生产形势十分严峻,特别是近 5 年来,事故起数和伤亡人数呈逐年上升的趋势。

习　　题

(一)填空题

安全是没有(　　　)的状态,这种状态不以人的主观意志为转移的,而是客观存在的。

（二）选择题

1.安全是在人类生产过程中,将系统的运行状态对人类的(　　)、(　　)、环境可能产生的损害控制在人类能接受水平以下的状态。

  A.生命   B.财产   C.环境

2.安全通常是指人没有受到(　　)。

  A.威胁   B.危害   C.危险   D.损失

3.建筑施工生产安全事故的特点包括(　　)

  A.严重性   B.复杂性   C.可变性   D.多发性

（三）判断题

1.建筑施工安全生产事故是指在建筑工程施工过程中,在施工现场发生的一个或一系列违背人们意愿的,可能导致人员伤亡、设备损坏、建(构)筑物倒塌、安全设施破坏以及财产损失,迫使人们有目的的活动暂时或永久停止的意外事件。　　　　　　　　　(　　)

2.建筑施工生产的流动性小,加剧了安全管理的难度,造成安全生产多样化。　　(　　)

3.建筑工程安全生产的因素众多,造成事故原因错综复杂,即使同一类型事故其发生的原因可能多种多样。　　　　　　　　　　　　　　　　　　　　　　(　　)

4.建筑施工发生安全事故,会导致人员伤亡和财产损失,重大安全生产事故会导致群死群伤的严重后果。　　　　　　　　　　　　　　　　　　　　　　　　(　　)

1.2　事故类型及分类分级

1.2.1　事故类型

根据《企业职工伤亡事故分类标准》(GB 6441—1986),事故共分为20个类别。施工现场容易发生的事故主要为高处坠落、坍塌、物体打击、起重伤害、触电、机械伤害、火灾等。

(1)高处坠落:指人体从高处(高差大于2m)以自由落体运动坠落,与地面或某种物体碰撞发生损伤的事故。由于建筑物随着生产的推进不断向高处作业,尤其在高空作业现场,高处坠落是建筑施工最多发的事故类型,多发生在临边作业处、脚手架、模板、起重设备等高空作业中。事故的形态及损伤程度受坠落高度、体重、坠落过程中有无阻挡物、人体着地方式、着地部位,以及接触地面与其他物体性状等因素的影响。高处坠落事故导致伤害的特点是:①体表损伤较轻,内部损伤重;②损伤较广泛,多发生复合型骨折,内部器官破裂;③多次损伤均由一次性暴力形成;④损伤分布有一定的特征性,如损伤可集中于身体某一侧,头顶或腰部;⑤多发性肋骨或四肢长骨骨折,甚至肢体横断。高处作业分为四级,如图1-6所示。

Ⅰ级高处作业:作业高度在2~5m,坠落范围半径 R 为3m;

Ⅱ级高处作业:作业高度在5~15m,坠落范围半径 R 为4m;

Ⅲ级高处作业:作业高度在15~30m,坠落范围半径 R 为5m;

Ⅳ级高处作业：作业高度在30m以上，坠落范围半径 R 为6m。

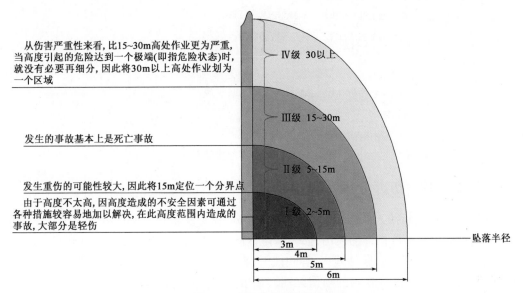

图1-6 高处作业四级分级

（2）坍塌：指建筑物、堆置物倒塌以及土石塌方等引起的伤害事故。物体在外力或重力作用下，超过自身的强度极限或因结构稳定性破坏而造成，如基坑坍塌、脚手架坍塌、堆置物倒塌等，极易造成较大及以上安全生产事故。

（3）物体打击：指失控的物体在惯性力或重力等其他外力的作用下产生运动，打击人体而造成人身伤亡的事故。建筑施工中由于施工作业的特点和局限性，立体交叉作业较多，物体打击是建筑施工多发事故类型之一。

（4）起重伤害：指在日常起重作业中（包括设备安装、拆除、检修），发生脱钩砸人、钢丝绳断裂抽人、移动吊物撞人、滑车砸人以及倾翻事故、坠落事故、提升设备过卷扬事故、起重设备误触高压线或感应带电体触电等。

（5）机械伤害：主要指机械设备运动（静止）部件、工具、加工件直接与人体接触引起的夹击、碰撞、剪切、卷入、绞、碾、割、刺等形式的伤害事故。各类转动机械的外露传动部分（如齿轮、轴、履带等）和往复运动部分都有可能对人体造成伤害。

（6）触电伤害：指超过一定极量的电流通过人体而造成的机体损伤或功能障碍。电击损伤的严重程度不同，临床表现不一，局部皮肤可被电火花烧灼至焦黄色或灰褐色，甚至局部炭化，电流通过人体可引起肌肉强烈收缩，伤后出现头晕、心悸、面色苍白等，部分人会昏迷，心跳、呼吸骤停甚至死亡。

据统计，2019年全国房屋市政工程安全生产事故按照类型占比（图1-7）：高处坠落事故415起，占总事故的53.69%；物体打击事故123起，占总事故的15.91%；土方、基坑坍塌事故69起，占总事故的8.93%；起重机械伤害事故42起，占总事故的5.43%；施工机械伤害事故23起，占总事故的2.98%；触电事故20起，占总事故的2.59%；其他类型事故81起，占总事故的10.47%。

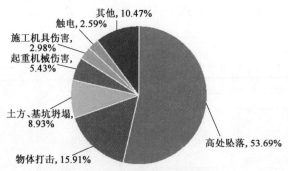

图 1-7　生产安全事故类型占比

1.2.2　事故伤害分级

（1）轻伤事故：指使人肢体或者容貌损害，听觉、视觉或者其他器官功能部分障碍或者其他对于人身健康有中度伤害的损伤，损失工作日低于 105 日，包括轻伤一级和轻伤二级。

（2）重伤事故：指使人肢体残废、容貌伤毁、丧失听觉、丧失视觉、丧失其他器官功能或者其他对于人身健康有重大伤害的损伤，一般会引起长期存在功能障碍，或劳动能力有重大损失，损失工作日超过 105 日。

（3）死亡事故：指丧失生命，生命终止，停止生存，是生存的反面。

1.2.3　事故等级划分

按照《生产安全事故报告和调查处理条例》规定，事故等级划分为一般事故、较大事故、重大事故、特大事故。

（1）一般事故：指造成 3 人以下死亡，或者 10 人以下重伤，或者 1000 万元以下直接经济损失的事故。（注：以下不含本数，以上包括本数）。

（2）较大事故：指造成 3 人以上 10 人以下死亡，或者 10 人以上 50 人以下重伤，或者 1000 万元以上 5000 万元以下直接经济损失的事故。

（3）重大事故：指造成 10 人以上 30 人以下死亡，或者 50 人以上 100 人以下重伤，或者 5000 万元以上 1 亿元以下直接经济损失的事故。

（4）特大事故：指造成 30 人以上死亡，或者 100 人以上重伤（包括急性工业中毒，下同），或者 1 亿元以上直接经济损失的事故。事故等级划分有三项指标：死亡、重伤、经济损失，达到其中一项就划入该等级（表 1-2）。

事故等级划分表　　　　　　　　　　　　　　　　　　　　　　　　表 1-2

事故等级	死亡人数	重伤人数	直接经济损失
一般事故	1~2 人	1~9 人	1000 万元以下
较大事故	3~9 人	10~49 人	1000 万元以上 5000 万元以下
重大事故	10~29 人	50~99 人	5000 万元以上 1 亿元以下
特大事故	30 人以上	100 人以上	1 亿元以上

1.2.4 事故的报告及查处

（1）事故的报告

一般事故上报至设区的市级人民政府应急管理部门和建设行政主管部门。

较大事故逐级上报至省、自治区、直辖市人民政府应急管理部门和建设行政主管部门。

特别重大事故、重大事故逐级上报至国务院应急管理部门和建设行政主管部门。

应急管理部门和建设行政主管部门依照前款规定上报事故情况，应当同时报告本级人民政府。国务院应急管理部门和建设行政主管部门以及省级人民政府接到发生特别重大事故、重大事故的报告后，应当立即报告国务院（图1-8）。

必要时，应急管理部门和建设行政主管部门可以越级上报事故情况。

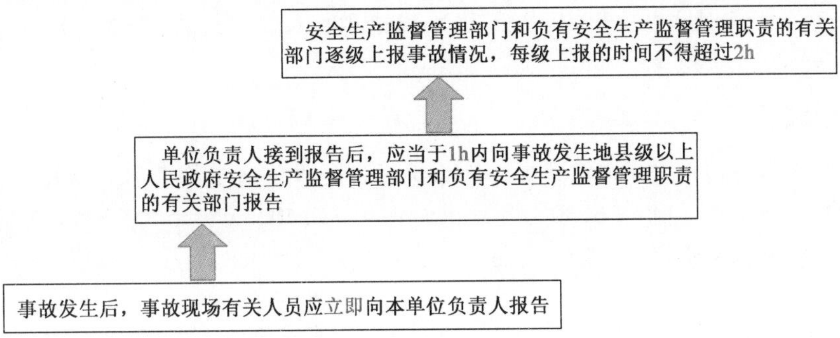

> 安全生产监督管理部门和负有安全生产监督管理职责的有关部门逐级上报事故情况，每级上报的时间不得超过2h

↑

> 单位负责人接到报告后，应当于1h内向事故发生地县级以上人民政府安全生产监督管理部门和负有安全生产监督管理职责的有关部门报告

↑

> 事故发生后，事故现场有关人员应立即向本单位负责人报告

图1-8 生产安全事故报告程序时限

注：情况紧急时，事故现场有关人员可以直接向事故发生地县级以上人民政府安全生产监督管理部门和负有安全生产监督管理职责的有关部门报告，同时，立即抢救伤员，保护现场。

（2）事故调查

特别重大事故由国务院或者国务院授权有关部门组织事故调查组进行调查。

重大事故、较大事故、一般事故分别由事故发生地省级人民政府、设区的市级人民政府、县级人民政府负责调查。

省级人民政府、设区的市级人民政府、县级人民政府可以直接组织事故调查组进行调查，也可以授权或者委托有关部门组织事故调查组进行调查。

未造成人员伤亡的一般事故，县级人民政府也可以委托事故发生单位组织事故调查组进行调查（图1-9）。

图1-9 生产安全事故调查处理层级

习 题

(一)填空题

1. 一般事故是指造成（　　）人以下死亡,或者（　　）人以下重伤,或者1000万元以下直接经济损失的事故。

2. 较大事故是指造成（　　）人以上（　　）人以下死亡,或者10人以上50人以下重伤,或者1000万元以上5000万元以下直接经济损失的事故。

3. 重大事故是指造成（　　）人以上（　　）人以下死亡,或者50人以上100人以下重伤,或者5000万元以上1亿元以下直接经济损失的事故。

4. 特大事故是指造成（　　）人以上死亡,或者100人以上重伤,或者1亿元以上直接经济损失的事故。

(二)选择题

1. 根据《企业职工伤亡事故分类标准》(GB 6441—1986),事故类别共分为（　　）类。
   A. 20　　　　　　　　B. 30　　　　　　　　C. 40　　　　　　　　D. 50

2. "施工现场五大伤害"是指（　　）。
   A. 高处坠落　　　　　　　　　　　　B. 坍塌
   C. 物体打击　　　　　　　　　　　　D. 触电伤害
   E. 机械伤害

3. 高处坠落事故是指人体从高处（　　）以自由落体运动坠落,与地面或某种物体碰撞发生损伤的事故。
   A. 高差大于2m　　　　　　　　　　B. 高差大于3m
   C. 高差大于4m　　　　　　　　　　D. 高差大于5m

4. 建筑施工最多发的事故类型是（　　）。
   A. 高处坠落　　　　　　　　　　　　B. 坍塌
   C. 物体打击　　　　　　　　　　　　D. 触电伤害
   E. 机械伤害

5. 一级高处作业是指（　　）。
   A. 作业高度在2~5m,坠落范围半径R为3m
   B. 作业高度在5~15m,坠落范围半径R为4m
   C. 作业高度在15~30m,坠落范围半径R为5m
   D. 作业高度在30m以上,坠落半径R为6m

6. 二级高处作业是指（　　）。
   A. 作业高度在2~5m,坠落范围半径R为3m
   B. 作业高度在5~15m,坠落范围半径R为4m
   C. 作业高度在15~30m,坠落范围半径R为5m
   D. 作业高度在30m以上,坠落半径R为6m

7.三级高处作业是指( )。

　　A.作业高度在2~5m,坠落范围半径 R 为3m

　　B.作业高度在5~15m,坠落范围半径 R 为4m

　　C.作业高度在15~30m,坠落范围半径 R 为5m

　　D.作业高度在30m以上,坠落半径 R 为6m

8.四级高处作业是指( )。

　　A.作业高度在2~5m,坠落范围半径 R 为3m

　　B.作业高度在5~15m,坠落范围半径 R 为4m

　　C.作业高度在15~30m,坠落范围半径 R 为5m

　　D.作业高度在30m以上,坠落半径 R 为6m

9.按照《生产安全事故报告和调查处理条例》的相关规定,事故等级分( )。

　　A.一般事故　　　　　B.较大事故　　　　　C.重大事故　　　　　D.特大事故

10.一般事故上报至( )人民政府应急管理部门和建设行政主管部门。

　　A.县(区)级　　　　　　　　　　　　B.设区的市级

　　C.省、自治区、直辖市　　　　　　　　D.国务院

11.较大事故逐级上报至( )人民政府应急管理部门和建设行政主管部门。

　　A.县(区)级　　　　　　　　　　　　B.设区的市级

　　C.省、自治区、直辖市　　　　　　　　D.国务院

12.特别重大事故、重大事故逐级上报至( )应急管理部门和建设行政主管部门。

　　A.县(区)级　　　　　　　　　　　　B.设区的市级

　　C.省、自治区、直辖市　　　　　　　　D.国务院

13.一般事故由( )负责调查。

　　A.县级人民政府　　　　　　　　　　　B.设区的市级人民政府

　　C.省级人民政府　　　　　　　　　　　D.国务院

(三)判断题

1.事故的报告应逐级上报,任何情况下应急管理部门和建设行政主管部门都不可以越级上报事故情况。　　　　　　　　　　　　　　　　　　　　　　　　　( )

2.未造成人员伤亡的一般事故,县级人民政府也可以委托事故发生单位组织事故调查组进行调查。　　　　　　　　　　　　　　　　　　　　　　　　　　　　( )

3.电击伤损伤的严重程度不同,伤害表现不一,局部皮肤可被电火花烧灼至焦黄色或灰褐色,甚至局部炭化,电流通过人体可引起肌肉强烈收缩,伤后出现头晕、心悸、面色苍白等,部分人会昏迷,心跳、呼吸骤停甚至死亡。　　　　　　　　　　　　　　　　( )

4.重伤是指使人肢体残废、毁人容貌、丧失听觉、丧失视觉、丧失其他器官功能或者其他对于人身健康有重大伤害的损伤,一般能引起长期存在功能障碍,或劳动能力有重大损失,损失工作日超过105日。　　　　　　　　　　　　　　　　　　　　　　( )

1.3　安全生产教育培训的意义及法律依据

1.3.1　安全的重要性

(1) 马斯洛需求层次理论:美国心理学家亚伯拉罕·马斯洛把人的需求由低到高分成生理需求、安全需求、归属需求、尊重需求和自我实现五层次(图1-10)。

需求、安全需求属于基础性需求。比如,一个人同时缺乏食物、安全、爱和尊重,通常对食物的需求量是最强烈的,此时人的意识几乎全被饥饿所占据,所有能量都被用来获取食物。在这种极端情况下,人生的全部意义就是吃,其他什么都不重要。只有当人从生理需求的控制下解放出来时,才可能有更高的需求;在生理需求满足后,其次就是安全需求,包括人身安全、健康保障、资源和财产的所有性等,有了安全的保障才有机会追求并实现归属需求、尊重需求和自我实现等更高层次的需求。

(2) 安全生产不等式法则(图1-11):10000 − 1≠9999,安全是1,车子、房子、票子等等都是0,有了安全,就是10000;没有安全,其他的0再多也没有意义。生命是第一位的,安全是第一位的,失去生命一切全无,安全是通往幸福生活、尊严人生的前提。

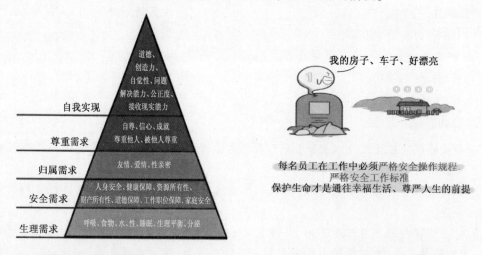

图 1-10　马斯洛需要层次理论　　　　图 1-11　安全生产不等式法则图

1.3.2　教育培训的意义

诗人歌德说过:我们全都要从前辈和同辈学习到一些东西。就连天才,如果想单凭他所特有的内在自我去对付一切,他也决不会有多大成就。

学习是通过阅读、听讲、观察、研究、实践等途径而获得知识、技能或认知的过程。人从出生后咿呀学语蹒跚学步开始,学习从未间断,通过不断学习了解和认识这个世界。

由于建筑施工安全生产事故多发性、复杂性、严重性的特点,且安全事故的危害性极大,所以我们更要深刻认识建筑施工安全生产的重要性,强化安全生产的教育培训工作。通过教育培训,提升从业人员安全意识、提高安全能力、规范安全操作行为,从而中断事故连锁进程,避免事故发生。

(1)提升从业人员安全生产意识。掌握法定的安全生产权利、义务及责任,充分认识事故的危害性、岗位的危险性和安全生产的重要性,有效增强管理人员的履职意识;认知行业、了解现场、熟悉岗位、知晓工作环境危险源,加强作业人员对安全的敬畏感,提升自我保护意识,提高整体的安全观。

(2)提高从业人员安全能力。通过安全生产教育培训,提高对行业和职业的认知水平,熟悉安全生产规章制度,掌握岗位安全生产操作技能,防止"三违"行为发生,具备发现隐患并落实整改的能力,提升面临危险时的正确的应急处置能力,全面提高安全生产能力,为建筑施工作业人员向产业工人转型奠定基础。

(3)提升企业安全管理水平。作为企业管理的一项重要工作,安全生产涉及技术、人员、设备、市场行为、现场管理等方面,从制度建设、工作计划、开展落实、检查考核、目标管控等方面开展安全教育培训工作并有效落实,可提升企业管理层执行力和落实力,有助于企业安全管理水平提高。

(4)增强企业的竞争力。安全生产教育培训就是对生产力的保护和发展,可以增强员工对企业的信赖,提高企业的凝聚力和向心力,稳定企业员工队伍,树立企业良好的市场形象,增强企业的市场影响力和行业竞争力。

(5)促进行业健康发展。形式多样的教育培训活动,可丰富并积淀行业安全生产文化,不断助力建筑业的持续改革;稳定的行业安全生产形势,可提高从业人员的职业安全感和行业认同感,可提升行业就业吸引力,保障行业健康发展。

(6)国家安全发展战略的需要。抓好行业安全生产教育培训是"预防为主"管理理念的要求,是对"以人为本"的执政理念的践行,是落实"国家安全观"战略的根本,只有做好安全生产工作,才可以不断推进建筑业的现代化发展。

1.3.3 建筑施工安全教育培训的依据及规定

国家先后出台了《中华人民共和国安全生产法》等20多部法律和100多项法规对安全培训做出了规定,以强化安全生产教育培训工作。

(1)《中华人民共和国安全生产法》相关规定(图1-12)

第二十一条　生产经营单位的主要负责人对本单位安全生产工作负有下列职责:"(三)组织制定实施本单位安全生产教育和培训计划"。

第二十五条　生产经营单位的安全生产管理机构以及安全生产管理人员履行下列职责:"组织或者参与本单位安全生产教育和培训,如实记录安全生产教育和培训情况"。

图1-12　中华人民共和国安全生产法

第二十八条　生产经营单位应当对从业人员进行安全生产教育和培训,保证从业人员具备必要的安全生产知识,熟悉有关的安全生产规章制度和安全操作规程,掌握本岗位的安全操作技能,了解事故应急处理措施,知悉自身在安全生产方面的权利和义务。未经安全生产教育和培训合格的从业人员,不得上岗作业。

第五十八条　从业人员应当接受安全生产教育和培训,掌握本职工作所需的安全生产知识,提高安全生产技能,增强事故预防和应急处理能力。

第九十七条　对安全生产教育培训的法律责任进行了明确,"生产经营单位有下列行为之一的,责令限期改正,可以处五万元以下的罚款;逾期未改正的,责令停产停业整顿,并处五万元以上十万元以下的罚款,对其直接负责的主管人员和其他直接责任人员处一万元以上二万元以下的罚款:

①未按照规定对从业人员、被派遣劳动者、实习学生进行安全生产教育和培训,或者未按照规定如实告知有关的安全生产事项的;

②未如实记录安全生产教育和培训情况的。

(2)《中华人民共和国建筑法》相关规定

第四十六条　建筑施工企业应当建立健全劳动安全生产教育培训制度,加强对职工安全生产的教育培训;未经安全生产教育培训的人员,不得上岗作业。

(3)《中华人民共和国消防法》相关规定

第六条　各级人民政府应当组织开展经常性的消防宣传教育,提高公民的消防安全意识。机关、团体、企业、事业等单位,应当加强对本单位人员的消防宣传教育。

(4)《建设工程安全生产管理条例》相关规定(图1-13)

第二十一条　施工单位主要负责人依法对本单位的安全生产工作全面负责。

施工单位应当建立健全安全生产责任制度和安全生产教育培训制度,制定安全生产规章制度和操作规程,保证本单位安全生产条件所需资金的投入,对所承担的建设工程进行定期和专项安全检查,并做好安全检查记录。

第三十七条　作业人员进入新的岗位或者新的施工现场前,应当接受安全生产教育培训。未经教育培训或者教育培训考核不合格的人员,不得上岗作业。

施工单位在采用新技术、新工艺、新设备、新材料时,应当对作业人员进行相应的安全生产教育培训。

(5)《建筑业企业职工安全培训教育暂行规定》相关要求

第二条　建筑业企业职工必须定期接受安全培训教育,坚持先培训、后上岗的制度。

第五条　建筑业企业职工每年必须接受一次专门的安全培训。

①企业法定代表人、项目经理每年接受安全培训的时间,不得少于30学时;

②企业专职安全管理人员除按照建教(1991)522号文《建设企事业单位关键网位持证

图1-13　建设工程安全生产管理条例

上岗管理规定》的要求,取得岗位合格证书并持证上岗外,每年还必须接受安全专业技术业务培训,时间不得少于40学时;

③企业其他管理人员和技术人员每年接受安全培训的时间,不得少于20学时;

④企业特殊工种(包括电工、焊工、架子工、司炉工、爆破工、机械操作工、起重工、塔式起重机司机及指挥人员、人货两用电梯司机等)在通过专业技术培训并取得岗位操作证后,每年仍须接受有针对性的安全培训,时间不得少于20学时;

⑤企业其他职工每年接受安全培训的时间,不得少于15学时;

⑥企业待岗、转岗、换岗的职工,在重新上岗前,必须接受一次安全培训,时间不得少于20学时。

建筑业企业职工安全生产培训时长见表1-3。

建筑业企业职工安全生产培训时长 　　　　　　　表1-3

人　员	安全培训时长
企业法定代表人、项目经理	不得少于30学时
企业专职安全管理人员	不得少于40学时
企业其他管理人员和技术人员	不得少于20学时
企业特殊工种(包括电工、焊工、架子工、司炉工、爆破工、机械操作工、起重工、塔式起重机司机及指挥人员、人货两用电梯司机等)	不得少于20学时
企业其他职工	不得少于15学时
企业待岗、转岗、换岗的职工	不得少于20学时

第六条　建筑业企业新进场的工人,必须接受公司、项目(或工区、工程处、施工队)、班组的三级安全培训教育,经考核合格后,方能上岗(表1-4)。

三级安全培训教育 　　　　　　　表1-4

教育培训主体	教育培训主要内容	教育培训时长
公司级	国家和地方有关安全生产的方针、政策、法规、标准、规范、规程和企业的安全规章制度等	不得少于15学时
项目级	工地安全制度、施工现场环境、工程施工特点及可能存在的不安全因素等	不得少于15学时
班组级	本工种的安全操作规程、事故安全案例、劳动纪律和岗位讲评等	不得少于20学时

习　　题

(一)填空题

1.马斯洛需求层次理论把人的需求由低到高分成生理需求、(　　　)、爱和归属感、尊重需求和自我实现五层次。

2.建筑业企业新进场的工人,必须接受(　　　)(　　　)(　　　)的三级安全培训教育,经考核合格后方能上岗。

3.公司安全培训教育的时间不得少于(　　　)学时。

4.项目安全培训教育的时间不得少于(　　　)学时。

5. 班组安全培训教育的时间不得少于(　　　)学时。

(二)选择题

1. 企业待岗、转岗、换岗的职工,在重新上岗前,必须接受一次安全培训,时间不得少于(　　　)学时。

  A. 10   B. 20   C. 30   D. 40

2. 建筑业企业职工必须接受(　　　)年一次专门的安全培训。

  A. 一   B. 二   C. 三   D. 四

(三)判断题

1. 公司安全培训教育的主要内容是:国家和地方有关安全生产的方针、政策、法规、标准、规范、规程和企业的安全规章制度等。   (　　　)

2. 生产经营单位未按照规定对从业人员、被派遣劳动者、实习学生进行安全生产教育和培训,或者未按照规定如实告知有关的安全生产事项的,责令限期改正,可以处五万元以下的罚款。   (　　　)

3. 生产经营单位未如实记录安全生产教育和培训情况的,责令限期改正,可以处五万元以下的罚款。   (　　　)

4. 建筑业企业职工不必定期接受安全培训教育,可以先上岗、后培训。 (　　　)

5. 施工单位在采用新技术、新工艺、新设备、新材料时,应当对作业人员进行相应的安全生产教育培训。   (　　　)

1.4　安全生产相关理论

1.4.1　安全生产管理体制机制

企业负责、职工参与、政府监管、行业自律和社会监督。

(1)企业负责:做好安全生产工作,落实生产经营单位主体责任是根本。建立安全生产工作机制,也要首先强调生产经营单位负责,这是安全生产工作机制的根本和核心。

(2)职工参与:一方面,职工是生产经营活动的直接操作者,安全生产首先涉及职工的人身安全。保障职工对安全生产工作的参与权、知情权、监督权和建议权,是我国基层民主的重要组成部分和建立现代企业制度的要求,是保障职工切身利益的需要,也有利于充分调动职工的积极性,发挥其主人翁作用。另一方面,做好安全生产工作需要职工积极配合,承担遵章守纪、按章操作等义务。没有职工的参与和配合,不可能真正做好安全生产工作。

(3)政府监管:在强化和落实生产经营单位主体责任、保障职工参与的同时,还必须充分发挥政府在安全生产方面的监管作用,以国家强制力为后盾,保证安全生产法律、法规以及相关标准得到切实遵守,及时查处、纠正安全生产违法行为,消除事故隐患。

(4)行业自律:市场经济条件下,必须充分发挥行业协会等社会组织的作用,加快形成政社分开、权责明确、依法自治的现代社会组织体制,强化行业自律,使其真正成为提供服务、反映诉求、规范行为的重要社会自治力量。

(5)社会监督:安全生产工作涉及面广,必须充分发挥包括工会、基层群众自治组织、新闻媒体以及社会公众的监督作用,实行群防群治,将安全生产工作置于全社会的监督之下。

上述五个方面互相配合、互相促进,共同构成五位一体的安全生产管理体制机制。

1.4.2　安全生产相关理论

(1)海因里希法则(图1-14):每一起严重的事故背后必然有29起较轻微事故和300起未遂先兆以及1000起事故隐患相随。事故的发生绝非偶然,必然存在大量隐患,因此,排除各种隐患是安全管理的首要任务。

对待事故,要举一反三,不能就事论事。任何事故的发生不是偶然的,事故的背后必然存在

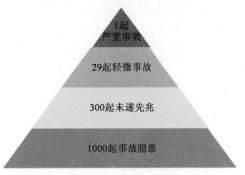

图1-14　海因里希法则

大量的不安全因素。安全管理就是排除身边的人的不安全行为、物的不安全状态等各种隐患,隐患排查要做到预知,隐患整改要做到预控,从而消除一切不安全因素,确保不发生事故。消除事故链中的某一个因素,可能就避免了一个重大事故的发生。

(2)多米诺骨牌理论:在多米诺骨牌中,一枚骨牌被碰倒了,将发生连锁反应,其余骨牌相应被碰倒;如果移去中间的一枚骨牌,则连锁被破坏,骨牌依次碰倒的过程被中止。事故的发生往往是人的不安全行为,机械、物质的不安全状态,管理的缺陷,以及环境的不安全因素等诸多原因同时存在缺陷造成的。如果消除或避免其中任何一个因素的存在,中断事故连锁的过程,就能避免事故的发生。在安全生产管理中,就是要采取一切措施,想方设法,消除一个又一个隐患。

(3)葛麦斯安全法则:在阿根廷著名的旅游景点卡特德拉尔,有段蜿蜒的山间公路,其中有3km路段弯道多达12处。因为弯道密集,经常发生交通事故,人们都称这段道路为"死亡弯道"。这段路从1994年通车到2004年,共发生了320起交通事故,106人丧生。交通部门在该段路入口处竖立了提示"前方多弯道,请减速行驶",作用并不明显;于是将提示语改成触目惊心的文字:"这是世界第一的事故段""这里离医院很远",事故依然频发。就在管理人员不知采取何种有效措施时,一位老司机葛麦斯公布的"独家安全秘籍"给公路管理当局以新的启示。

葛麦斯驾车43年,不仅从未发生过交通事故,甚至连一次违章纪录都没有,他退休前,交通部门决定颁发一枚"优秀模范驾驶奖章"给他。颁奖当天,记者问葛麦斯:"要如何才能做到像你这样平安驾车呢?葛麦斯回答道:"其实开车时,我都有家人陪啊!不过乘客看不到我的家人,因为他们都在我的心里。"记者不解,葛麦斯笑着说:"想想你的妻子正等着你吃晚餐;你还要陪孩子上学;年迈的父母正是需要你照顾的时候你就会小心驾驶。"原来,葛麦斯的秘诀,就是时时刻刻把对家人的爱放在心中。隐去管理者的身影,让亲人取而代之,

去唤醒操作者的安全意识,这就是著名的"葛麦斯安全法则"。交通部门随即将"死亡弯道"提示牌内容更换成:"家人在家等你吃饭,请不要让他们失望""安全驾驶,不要让白发苍苍的父母为你伤心""您的平安是对家人最好的爱"……结果该路段的交通事故率大幅度下降,2005 年发生 6 起交通事故,而 2006 年和 2007 年一起也没有发生。

(4)墨菲定律:在生产经营活动中,小概率风险是能够由可能性演变为突发性的,只要存在安全隐患,事故就会发生,差别只是早晚、大小、轻重而已。因此,我们要重视风险发生的可能性,密切关注事物的变化,不盲目乐观,不麻痹大意,居安思危,想尽一切办法,采取一切措施,消除"人的不安全行为、物的不安全状态、管理上的缺陷、环境的不安全因素"等各种安全隐患,时刻保持警惕,确保安全生产。

习　题

(一)填空题

1.做好安全生产工作,首先强调(　　)负责,这是安全生产工作机制的根本和核心。

2.葛麦斯安全驾车 43 年的秘诀,就是时时刻刻把(　　)放在心中。

(二)选择题

1.在生产经营活动中,小概率风险是能够由可能性演变为突发性的,只要存在安全隐患,事故就会发生,差别只是早晚、大小、轻重而已,是(　　)。

　　A.帕金森定律　　　　B.墨菲定律　　　　C.彼得原理　　　　D.蝴蝶效应

2.每名员工在工作中必须严格安全操作规程,严格安全工作标准,因为这是保护自我生命的根本,这是通往幸福生活、尊严人生的(　　)。

　　A.前提　　　　　　B.准则　　　　　　C.必备条件　　　　D.实现

3.事故的发生往往是人的不安全行为,机械、物质等各种不安全状态,管理的缺陷,以及环境的不安全因素等诸多原因同时存在(　　)造成的。

　　A.问题　　　　　　B.缺陷　　　　　　C.消失　　　　　　D.因素

(三)判断题

1.如果消除或避免其中任何一个因素的存在,中断事故连锁的过程,就能避免事故的发生。(　　)

2.保障职工对安全生产工作的参与权、知情权、监督权和建议权,是保障职工切身利益的需要,也有利于充分调动职工的积极性,发挥其主人翁作用。(　　)

3.企业实行全员安全生产责任制度,法定代表人和实际控制人同为安全生产第一责任人,主要技术负责人负有安全生产技术决策和指挥权,强化部门安全生产职责,落实一岗双责,全员参与的安全管理工作局面。(　　)

4.没有职工的参与和配合,不可能真正做好安全生产工作。(　　)

第 2 章

安全生产法律法规

2.1 国家安全生产方针

安全生产方针是指党和政府对安全生产工作总的要求,它是安全生产工作的方向。随着我国经济和社会的发展,安全生产工作方针大体变化可以归纳为三个阶段,见表2-1。

安全生产方针变化表　　　　　　　　　　　　　　　表2-1

时　　间	安全生产方针
1949—1983 年	"生产必须安全、安全为了生产"
1984—2004 年	"安全第一,预防为主"
2005 年至今	"安全第一,预防为主,综合治理"

现行《中华人民共和国安全生产法》相关规定如下。

第三条　安全生产工作坚持中国共产党的领导。

安全生产工作应当以人为本,坚持人民至上、生命至上,把保护人民生命安全摆在首位,树牢安全发展理念,坚持安全第一、预防为主、综合治理的方针,从源头上防范化解重大安全风险。

安全生产工作实行管行业必须管安全、管业务必须管安全、管生产经营必须管安全,强化和落实生产经营单位主体责任与政府监管责任,建立生产经营单位负责、职工参与、政府监管、行业自律和社会监督的机制。

认真贯彻落实"安全第一、预防为主、综合治理"这一方针,既是党和国家的要求,也是搞好安全生产,保障从业人员的生命安全健康,保障企业的生产经营顺利进行的根本要求。因此,把这一安全生产的方针转变为所有从业人员的思想意识和具体行动,对于搞好安全生产至关重要。特别是随着建筑业的快速发展,建设工程项目越来越多,体量越来越大,高度不断增加,工艺越来越复杂,要求越来越高,同时潜伏的危险性也越来越大,对安全生产的要求也越来越高。这就更要对生产过程中工艺操作、设备运行、人员操作等危险进行超前预测,科学预防,从而有效地避免事故的发生。

(1)安全第一:明确了认识的问题。各级政府、各有关部门在生产设计过程中都要把安全生产放在第一位,坚持安全生产,生产必须安全,抓生产必须首先抓安全,真正树立人是最宝贵的财富,劳动者是发展生产力最主要的因素,在组织、指挥和进行生产作业活动中坚持把安全生产作为企业生存和发展的首要问题来考虑,坚持把安全生产作为完成生产计划、工作任务的前提条件和头等大事来抓。

(2)预防为主:明确了方法的问题。掌握行业生产安全事故发生和预防的规律,针对可能出现的不安全因素,预先采取防范措施,做到防微杜渐,防患于未然。

(3)综合治理:明确了手段的问题。我国安全生产工作面临着多种经济所有制并存,法制尚不健全完善、体制机制尚未理顺,以及急功近利只顾速度不顾其他的发展规律特点,所以抓好安全生产工作要多管齐下考虑综合措施,采取法律、经济、行政、技术等手段进行综合治理,并贯穿始终。

习 题

(一)填空题

1.安全生产工作应当以人为本,坚持人民至上、生命至上,把保护人民(   )摆在首位,树牢安全发展理念。

2.我国的安全生产方针是坚持(   )(   )(   )。

3.我国安全生产管理的机制是生产经营单位负责、(   )、政府监管、行业自律和社会监督。

(二)判断题

1.有人说,在目前这个发展阶段,付出一些生命代价的事可能防不胜防,这种认识是错误的。
(   )

2.生产安全对老百姓来说就是关乎身家性命的大事,要坚决守住底线,突出重点,完善制度,引导舆论,更加重视社会大局的稳定。
(   )

3.安全稳定工作连着千家万户,宁可百日紧,不可一日松。
(   )

4.安全生产必须警钟长鸣、常抓不懈,丝毫放松不得,每一个方面、每一个部门、每一个企业都放松不得,否则就会给国家和人民带来不可挽回的损失。
(   )

5.发展要以人为本、以民为本。不要强调在目前阶段安全事故"不可避免论",必须整合一切条件、尽最大努力、以极大的责任感来做好安全生产工作。
(   )

6.各生产单位要承担和落实安全生产主体责任,强化经济第一意识,加强经济基础能力建设,坚决遏制重特大安全生产事故发生。
(   )

7.坚持人民至上,必须做到生命至上;坚持生命至上,才能真正做到人民至上。 (   )

8.为中国人民谋幸福是中国共产党的初心和使命,坚持人民至上、生命至上,是中国共产党的内在价值取向,是习近平新时代中国特色社会主义思想的重要组成部分。 (   )

2.2 中华人民共和国安全生产法

2.2.1 《中华人民共和国安全生产法》制定及修订情况

立法目的:为了加强安全生产工作,防止和减少生产安全事故,保障人民群众生命和财产安全,促进经济社会持续健康发展。

制定及修订情况(图2-1):现行的《中华人民共和国安全生产法》(以下简称《安全生产法》)是2002年制定的,2009年和2014年进行过两次修订,2020年又进行了第三次修订。2021年6月10日,国家主席习近平签署了第八十八号主席令:《全国人民代表大会常务委员会关于修改〈中华人民共和国安全生产法〉的决定》已由中华人民共和国第十三届全国人民代表大会常务委员会第二十九次会议于 2021 年 6 月 10 日通过,现予公布,自 2021 年 9 月 1 日起施行。

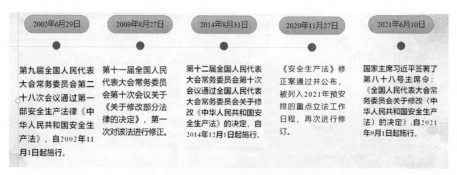

图 2-1 《安全生产法》制定及修订情况

法律的修订程序非常复杂,《安全生产法》多次进行修订,说明我国安全生产形势非常严峻,也充分说明国家对安全生产工作的高度重视。

《安全生产法》对预防和减少安全生产事故发挥了重要作用。我国安全生产事故死亡人数最高峰的时候是 2002 年,死亡大约 14 万人,2020 年已经降至 2.71 万人,下降了 80.6%。重特大事故的高峰期是 2001 年,事故起数是 140 起,2020 年下降至 16 起,下降了 88.6%。虽然全国生产安全事故总体呈一个下降趋势,但是已经开始进入一个瓶颈期、平台期,稍有不慎,重特大事故还会出现反弹。同时,新发展阶段、新发展理念、新发展格局又对安全生产工作提出更高的要求,现阶段正在开展全国安全生产三年行动、制定实施“十四五”安全生产规划的关键时期,《安全生产法》的修订出台对我们安全生产工作提供了有力的法律保障。

2.2.2 《安全生产法》主要内容概述

(1)《安全生产法》共七章 119 条(表 2-2)

《安全生产法》主要内容   表 2-2

章　　节	目　　录
第一章	总则
第二章	生产经营单位的安全产保障
第三章	从业人员的安全产权利义务
第四章	安全生产的监督管理
第五章	生产安全事故的应急救援与调查处理
第六章	法律责任
第七章	附则

(2)修订的主要内容

2021 年修订一共 42 条,约占原来条款的三分之一,主要包括以下几个方面的内容:

①贯彻新思想、新理念。将习近平总书记关于安全生产工作一系列重要指示批示的精神转化为法律规定,增加了安全生产工作坚持人民至上、生命至上,树牢安全发展理念,从源头上防范化解重大安全风险等规定,为统筹发展和安全两件大事提供了坚强的法治保障。

②落实中央决策部署。为深入贯彻中央文件的精神,增加了重大事故隐患排查治理情况的报告、高危行业领域强制实施安全生产责任保险、安全生产公益诉讼等重要制度。

③健全安全生产责任体系。第一,强化党委和政府的领导责任。明确了安全生产工作坚持党的领导,要求各级人民政府加强安全生产基础设施建设和安全生产监管能力建设,所需经费列入本级预算。第二,明确了各有关部门的监管职责。规定安全生产工作实行"管行业必须管安全、管业务必须管安全、管生产经营必须管安全"。第三,压实生产经营单位的主体责任,明确了生产经营单位的主要负责人是本单位的安全生产第一责任人。同时,要求各类生产经营单位落实全员的安全生产责任制、安全风险分级管控和隐患排查治理双重预防机制,加强安全生产标准化建设,切实提高安全生产水平。

④强化新问题、新风险的防范应对。深刻汲取近年来的事故教训,对生产安全事故中暴露的新问题作了针对性规定。例如,要求矿山、建筑施工等高危行业施工单位加强安全管理,不得非法转让施工的资质,不得违法分包、转包;要求承担安全评价的一些机构实施报告公开制度,不得租借资质、挂靠、出具虚假报告。同时,对于新业态、新模式产生的新风险,也强调了应当建立健全并落实安全责任制,加强从业人员的教育和培训,履行法定的安全生产义务。

⑤加大对违法行为的惩处力度。第一,罚款金额更高。对特别重大事故的罚款,最高可以达到1亿元的罚款。第二,处罚方式更严。违法行为一经发现,即责令整改并处罚款,拒不整改的,责令停产停业整改整顿,并且可以按日连续计罚。第三,惩戒力度更大。采取联合惩戒方式,严重的要进行行业或者职业禁入等联合惩戒措施。通过"利剑高悬",有效打击震慑违法企业,保障守法企业的合法权益。

(3)从业人员的安全生产权利义务

第五十二条　生产经营单位与从业人员订立的劳动合同,应当载明有关保障从业人员劳动安全、防止职业危害的事项,以及依法为从业人员办理工伤保险的事项。

生产经营单位不得以任何形式与从业人员订立协议,免除或者减轻其对从业人员因生产安全事故伤亡依法应承担的责任。

第五十三条　生产经营单位的从业人员有权了解其作业场所和工作岗位存在的危险因素、防范措施及事故应急措施,有权对本单位的安全生产工作提出建议。

第五十四条　从业人员有权对本单位安全生产工作中存在的问题提出批评、检举、控告;有权拒绝违章指挥和强令冒险作业。

生产经营单位不得因从业人员对本单位安全生产工作提出批评、检举、控告或者拒绝违章指挥、强令冒险作业而降低其工资、福利等待遇或者解除与其订立的劳动合同。

第五十五条　从业人员发现直接危及人身安全的紧急情况时,有权停止作业或者在采取可能的应急措施后撤离作业场所。

生产经营单位不得因从业人员在前款紧急情况下停止作业或者采取紧急撤离措施而降低其工资、福利等待遇或者解除与其订立的劳动合同。

第五十六条 生产经营单位发生生产安全事故后,应当及时采取措施救治有关人员。

因生产安全事故受到损害的从业人员,除依法享有工伤保险外,依照有关民事法律尚有获得赔偿的权利的,有权提出赔偿要求。

第五十七条 从业人员在作业过程中,应当严格落实岗位安全责任,遵守本单位的安全生产规章制度和操作规程,服从管理,正确佩戴和使用劳动防护用品。

第五十八条 从业人员应当接受安全生产教育和培训,掌握本职工作所需的安全生产知识,提高安全生产技能,增强事故预防和应急处理能力。

第五十九条 从业人员发现事故隐患或者其他不安全因素,应当立即向现场安全生产管理人员或者本单位负责人报告;接到报告的人员应当及时予以处理。

第六十条 工会有权对建设项目的安全设施与主体工程同时设计、同时施工、同时投入生产和使用进行监督,提出意见。

工会对生产经营单位违反安全生产法律、法规,侵犯从业人员合法权益的行为,有权要求纠正;发现生产经营单位违章指挥、强令冒险作业或者发现事故隐患时,有权提出解决的建议,生产经营单位应当及时研究答复;发现危及从业人员生命安全的情况时,有权向生产经营单位建议组织从业人员撤离危险场所,生产经营单位必须立即作出处理。

工会有权依法参加事故调查,向有关部门提出处理意见,并要求追究有关人员的责任。

第六十一条 生产经营单位使用被派遣劳动者的,被派遣劳动者享有本法规定的从业人员的权利,并应当履行本法规定的从业人员的义务。

习 题

(一)选择题

1. 从业人员发现事故隐患或者其他不安全因素,应当立即向(　　)报告,接到报告的人员应当及时予以处理。

　　A. 所在企业党员或党委书记　　　　　　B. 监理单位或建设单位

　　C. 现场安全生产管理人员或者本单位负责人　D. 建设行政主管部门

2. 从业人员应当接受(　　),掌握本职工作所需的安全生产知识,提高安全生产技能,增强事故预防和应急处理能力。

　　A. 上岗培训　　　　　　　　　　　　B. 企业生产培训

　　C. 安全生产教育和培训　　　　　　　D. 自救本领学习

3. 《安全生产法》明确我国安全生产工作的方针是(　　)预防为主、综合治理。

A.人民至上　　　　　B.生命至上　　　　　C.安全第一　　　　　D.质量第一

4.我国安全生产的机制是(　　)。

A.生产经营单位负责　　　　　　　　　B.职工参与

C.政府监管　　　　　　　　　　　　　D.行业自律

E.社会监督

(二)判断题

1.新安全生产法明确提出安全生产工作应当以人为本,将坚持安全发展写入了总则,对于坚守红线意识、进一步加强安全生产工作、实现安全生产形势根本性好转的奋斗目标具有重要意义。　　　　　　　　　　　　　　　　　　　　　　　　　　　　　(　　)

2.建筑施工企业应当设置安全生产管理机构或者配备专职安全生产管理人员。(　　)

3.生产经营单位应当将被派遣劳动者纳入本单位从业人员统一管理,对被派遣劳动者进行岗位安全操作规程和安全操作技能的教育和培训。　　　　　　　　　　　　(　　)

4.生产经营单位可以与从业人员订立协议,免除或者减轻其对从业人员因生产安全事故伤亡依法应承担的责任。　　　　　　　　　　　　　　　　　　　　　　　　　(　　)

5.从业人员无权了解其作业场所和工作岗位存在的危险因素、防范措施及事故应急措施,无权对本单位的安全生产工作提出建议。　　　　　　　　　　　　　　　　　(　　)

6.从业人员无权对本单位安全生产工作中存在的问题提出批评、检举、控告。(　　)

7.从业人员有权拒绝违章指挥和强令冒险作业。　　　　　　　　　　　　　(　　)

8.生产经营单位不得因从业人员对本单位安全生产工作提出批评、检举、控告或者拒绝违章指挥、强令冒险作业而降低其工资、福利等待遇或者解除与其订立的劳动合同。(　　)

9.从业人员发现直接危及人身安全的紧急情况时,有权停止作业或者在采取可能的应急措施后撤离作业场所。　　　　　　　　　　　　　　　　　　　　　　　　　(　　)

10.因生产安全事故受到损害的从业人员,除依法享有工伤保险外,依照有关民事法律尚有获得赔偿的权利的,有权向本单位提出赔偿要求。　　　　　　　　　　　　(　　)

11.从业人员在作业过程中,应当严格遵守本单位的安全生产规章制度和操作规程,服从管理,正确佩戴和使用劳动防护用品。　　　　　　　　　　　　　　　　　　(　　)

12.从业人员应当接受安全生产教育和培训,掌握本职工作所需的安全生产知识,提高安全生产技能,增强事故预防和应急处理能力。　　　　　　　　　　　　　　　(　　)

2.3　中华人民共和国建筑法

2.3.1　《中华人民共和国建筑法》制定及修订情况

立法目的:加强对建筑活动的监督管理,维护建筑市场秩序,保证建筑工程的质量和安全,促进建筑业健康发展。

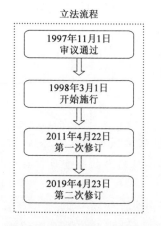

立法流程

1997年11月1日
审议通过

↓

1998年3月1日
开始施行

↓

2011年4月22日
第一次修订

↓

2019年4月23日
第二次修订

图2-2 《建筑法》立法流程图

修订过程(图2-2):《中华人民共和国建筑法》(以下简称《建筑法》)经1997年11月1日第八届全国人大常委会第28次会议审议通过,1998年3月1日起正式实施;2011年4月22日第十一届全国人大常委会第20次会议《关于修改〈中华人民共和国建筑法〉的决定》进行了修订。

2019年4月23日第十三届全国人民代表大会常务委员会第十次会议通过《关于修改＜中华人民共和国建筑法＞等八部法律的决定》,《建筑法》的修改条款自决定公布之日起施行。

2.3.2 主要内容概述

《建筑法》分总则、建筑许可、建筑工程发包与承包、建筑工程监理、建筑安全生产管理、建筑工程质量管理、法律责任、附则共8章85条,其中第五章共16条对安全生产工作进行了规定。

2.3.3 《建筑法》重点问题解读

(1)从事建筑活动应当遵守的规定:①建筑活动应当确保建筑工程质量和安全,符合国家的建筑工程安全标准。②从事建筑活动应当遵守法律、法规,不得损害社会公共利益和他人的合法权益。任何单位和个人都不得妨碍和阻挠依法进行的建筑活动。

(2)建筑施工许可的规定:建设工程开工前,建设单位应当依照国家规定向工程所在地县级以上人民政府建设行政主管部门申请领取施工许可证;但是,国务院建设行政主管部门确定的限额以下的小型工程除外。按照国务院规定的权限和程序批准开工报告的建筑工程,不再领取施工许可证。因故不能开工的,应当向发证机关申请延期。既不开工又不申请延期或者超过延期时限的,施工许可证自行废止。建设行政主管部门应当自收到申请之日起15日内,对符合条件的申请颁发施工许可证。

法律规定,建设单位未取得施工许可证或开工报告擅自施工的,责令停止施工,限期改正,处工程合同价款1%以上2%以下的罚款。

(3)领取施工许可证的范围:从事各类房屋建设及其附属设施的建造、装修装饰和与其配套的线路、管道、设备的安装,以及城镇市政基础设施工程的施工,应领取施工许可证。但在建设行政主管部门确定限额以下的小型工程,以及按照国务院规定权限和程序批准开工报告的工程除外。《建设工程施工许可管理办法》中规定,工程投资额在30万元以下或者建筑面积在300m² 以下的建筑工程,可以不申请办理施工许可证。

(4)从事建筑活动主体从业资格要求:从事建筑活动的建筑施工企业、勘察单位、设计单位和工程监理单位,按照其拥有的注册资本、专业技术人员、技术装备和已完成的建筑工程业绩等条件,划分为不同的资质等级,经审查合格,取得相应等级的资质证书后,方可在其资质等级许可的范围内从事建筑活动。

法律责任:发包单位将工程发包给不具有相应资质条件的承包单位,或者将建筑工程肢解发包的责令改正,处以罚款。超越本单位资质等级或未取得资质证书承揽工程的,责令停止违法行为,处以罚款,责令停业整顿,降低资质等级;情节严重的,吊销资质证书,没收非法所得。未取得资质证书承揽工程的,予以取缔,并处罚款,没收非法所得。

(5)施工现场实施封闭性管理的要求:主要解决"扰民"和"民扰"两个问题,由于施工现场不安全因素多,在作业过程中容易伤害到施工现场以外的人员,用密目式安全网、围墙、围栏等封闭施工,可以防止施工中的不安全因素不扩散到作业现场以外,同时可起到保护环境、美化市容和文明施工的作用。

(6)施工现场的粉尘、废弃物、噪声等污染控制措施:妥善处理泥浆水及其他废水,未经处理不得直接排入城市排水设施和河流;除设有符合规定的装置外,不得在施工现场熔融沥青或者焚烧油毡、油漆以及其他会产生有毒有害烟尘和恶臭气体的物质;使用密封式的卷筒或者采取其他措施处理高处废弃物;采取有效措施控制施工中的扬尘;禁止将有毒有害废弃物用做土方回填;对产生噪声、振动的施工机械,应采取有效控制措施,减少噪声扰民。

(7)建筑工程竣工验收及交付使用应具备的条件:交付竣工验收的建筑工程,必须符合规定的建筑工程质量标准,有完整的工程技术经济资料和经签署的工程保修书,并具备国家规定的其他竣工条件。

建筑工程竣工经验收合格后,方可交付使用;未经验收或者验收不合格的,不得交付使用。建设单位为提前获得投资效益,在工程未经验收即提前投入使用所发生的质量问题,由建设单位承担质量责任。

(8)建筑安全生产管理的责任部门:《建筑法》第四十三条规定:"建设行政主管部门负责建筑安全生产的管理,并依法接受劳动行政主管部门对建筑安全生产的指导和监督。"

(9)建筑施工企业违反建筑安全措施承担的法律责任:建筑施工企业违反《建筑法》规定,对建筑安全事故隐患不采取措施予以消除的,责令改正,可以处以罚款;情节严重的,责令停业整顿,降低资质等级或者吊销资质证书;构成犯罪的,依法追究刑事责任。

建筑施工企业的管理人员违章指挥、强令职工冒险作业,因而发生重大伤亡事故或者造成其他严重后果的,依法追究刑事责任。

(10)对建设单位工程质量行为要求:《建筑法》第五十四条规定:"建设单位不得以任何理由,要求建筑设计单位或者建筑施工企业在工程设计或者施工作业中,违反法律、行政法规或建筑工程质量、安全标准,降低工程质量。"

建筑设计单位和建筑施工企业对建设单位违反前款规定提出的降低工程质量标准的要求,应当予以拒绝。

建设单位有上述行为,责令改正,处20万元以上50万元以下的罚款。

习　题

(一)选择题

1.建筑施工企业的管理人员违章指挥、强令职工冒险作业,因而发生重大伤亡事故或者造成其他严重后果的,依法追究(　　　)。

A. 刑事责任 B. 民事责任

C. 行政责任 D. 企业章程责任

2. 法律规定,建设单位未取得施工许可证或开工报告擅自施工的,责令停止施工,限期改正,处工程合同价款( )%以上2%以下的罚款。

A. 1 B. 2 C. 3 D. 4

3. 工程投资额在30万元以下或者建筑面积在( )m^{2}以下的建筑工程,可以不申请办理施工许可证。

A. 300 B. 400 C. 500 D. 600

(二)判断题

1. 建筑施工企业必须为从事危险作业的职工办理意外伤害保险、支付保险费。 ( )

2. 从事建筑活动应当遵守法律、法规,不得损害社会公共利益和他人的合法权益,个别单位和个人可以妨碍和阻挠依法进行的建筑活动。 ( )

3. 建设单位未取得施工许可证或开工报告擅自施工的,责令停止施工,限期改正,处工程合同价款1%以上2%以下的罚款。 ( )

4. 施工现场应妥善处理泥浆水及其他废水,未经处理不得直接排入城市排水设施和河流。

( )

5. 除设有符合规定的装置外,可以在施工现场熔融沥青或者焚烧油毡、油漆以及其他会产生有毒有害烟尘和恶臭气体的物质。 ( )

6. 由于施工现场不安全因素多,在作业过程中既容易伤害到自己,又容易伤害到施工现场以外的人员,封闭施工可以使施工中的不安全因素不扩散到场外。 ( )

7. 建筑施工企业应当依法为职工参加工伤保险缴纳工伤保险费。鼓励企业为从事危险作业的职工办理意外伤害保险,支付保险费。 ( )

8. 建筑施工企业违反《建筑法》规定,对建筑安全事故隐患不采取措施予以消除的,责令改正,可以处以罚款;情节严重的,责令停业整顿,降低资质等级或者吊销资质证书;构成犯罪的,依法追究刑事责任。 ( )

2.4 建设工程安全生产管理条例

2.4.1 《建设工程安全生产管理条例》总体介绍

(1)目的:为了加强建设工程安全生产监督管理,保障人民群众生命和财产安全。

加强建设工程安全生产管理必须要依法治安,《建设工程安全生产管理条例》(以下简称《条例》)对建设工程各方责任主体的安全生产职责进行规定,法律责任进行明确,各司其职、各负其责,尽职免责、失职追责。

《条例》涉及的责任主体有建设单位、勘察单位、设计单位、施工单位、工程监理单位、设备提供、租赁单位、设备检验检测单位、建设行政主管部门。本节重点讲述施工企业的安全生产职责和法律责任,便于从全员管理的角度强化建设工程项目安全管理工作。

(2)《条例》适用范围:在中华人民共和国境内从事建设工程的新建、扩建、改建和拆除等有关活动及实施对建设工程安全生产的监督管理,必须遵守本条例。抢险救灾和农民自建低层住宅的安全生产管理,不适用本条例;军事建设工程的安全生产管理,按照中央军事委员会的有关规定执行。

2.4.2 施工单位的安全责任

(1)施工单位主要负责人依法对本单位的安全生产工作全面负责。施工单位应当建立健全安全生产责任制度和安全生产教育培训制度,制定安全生产规章制度和操作规程,保证本单位安全生产条件所需资金的投入,对所承担的建设工程进行定期和专项安全检查,并做好安全检查记录。

施工单位的主要负责人包括:法定代表人、总经理、总工程师(技术负责人)、安全负责人(安全总监)。

(2)施工单位的项目负责人对建设工程项目的安全施工负责,落实安全生产责任制度、安全生产规章制度和操作规程,确保安全生产费用的有效使用,并根据工程的特点组织制定安全施工措施,消除安全事故隐患,及时、如实报告生产安全事故。

(3)施工单位应当设立安全生产管理机构,配备专职安全生产管理人员,负责对安全生产进行现场监督检查。发现安全事故隐患,应当及时向项目负责人和安全生产管理机构报告;对违章指挥、违章操作的,应当立即制止。施工现场专职安全生产管理人员配备数量见表2-3。

施工现场专职安全生产管理人员配备数量表　　　　表2-3

工程面积	人　数
1万 m² 以下	不少于1人
1万~5万 m²	不少于2人
5万 m² 及以上	不少于3人

(4)垂直运输机械作业人员、安装拆卸工、爆破作业人员、起重信号工、登高架设作业人员等特种作业人员,必须按照国家有关规定经过专门的安全作业培训,并取得特种作业操作资格证书后,方可上岗作业。

(5)对下列达到一定规模的危险性较大的分部分项工程编制专项施工方案,专职安全生产管理人员进行现场监督:①基坑支护与降水工程;②土方开挖工程;③模板工程;④起重吊装工程;⑤脚手架工程;⑥拆除、爆破工程。

国务院建设行政主管部门或者其他有关部门规定的其他危险性较大的工程,对前款所列工程中涉及深基坑、地下暗挖工程、高大模板工程的专项施工方案,施工单位还应当组织专家进行论证、审查。

(6)建设工程施工前,施工单位负责项目管理的技术人员应当对有关安全施工的技术要求向施工作业班组、作业人员作出详细说明,并由双方签字确认,即安全技术交底。

（7）施工单位应当在施工现场入口处、施工起重机械、临时用电设施、脚手架、出入通道口、楼梯口、电梯井口、孔洞口、桥梁口、隧道口、基坑边沿、爆破物及有害危险气体和液体存放处等危险部位，设置明显的安全警示标志。安全警示标志必须符合国家标准。

（8）施工单位应当将施工现场的办公、生活区与作业区分开设置，并保持安全距离；办公、生活区的选址应当符合安全性要求。职工的膳食、饮水、休息场所等应当符合卫生标准。施工单位不得在尚未竣工的建筑物内设置员工集体宿舍。

（9）施工单位应当遵守有关环境保护法律、法规的规定，在施工现场采取措施，防止或者减少粉尘、废气、废水、固体废物、噪声、振动和施工照明对人和环境的危害和污染。在城市市区内的建设工程，施工单位应当对施工现场实行封闭围挡。

（10）施工单位应当在施工现场建立消防安全责任制度，确定消防安全责任人，制定用火、用电、使用易燃易爆材料等各项消防安全管理制度和操作规程，设置消防通道、消防水源，配备消防设施和灭火器材，并在施工现场入口处设置明显标志。

（11）施工单位应当向作业人员提供安全防护用具和安全防护服装，并书面告知危险岗位的操作规程和违章操作的危害。

（12）作业人员有权对施工现场的作业条件、作业程序和作业方式中存在的安全问题提出批评、检举和控告，有权拒绝违章指挥和强令冒险作业。在施工中发生危及人身安全的紧急情况时，作业人员有权立即停止作业或者在采取必要的应急措施后撤离危险区域。

（13）作业人员应当遵守安全施工的强制性标准、规章制度和操作规程，正确使用安全防护用具、机械设备等。

（14）作业人员进入新的岗位或者新的施工现场前，应当接受安全生产教育培训。未经教育培训或者教育培训考核不合格的人员，不得上岗作业。施工单位在采用新技术、新工艺、新设备、新材料时，应当对作业人员进行相应的安全生产教育培训。

2.4.3 生产安全事故的应急救援和调查处理

（1）施工单位应当制定本单位生产安全事故应急救援预案，建立应急救援组织或者配备应急救援人员，配备必要的应急救援器材、设备，并定期组织演练。

（2）施工单位应当根据建设工程施工的特点、范围，对施工现场易发生重大事故的部位、环节进行监控，制定施工现场生产安全事故应急救援预案。实行施工总承包的，由总承包单位统一组织编制建设工程生产安全事故应急救援预案，工程总承包单位和分包单位按照应急救援预案，各自建立应急救援组织或者配备应急救援人员，配备救援器材、设备，并定期组织演练。

（3）施工单位发生生产安全事故，应当按照国家有关伤亡事故报告和调查处理的规定，及时、如实地向负责安全生产监督管理的部门、建设行政主管部门或者其他有关部门报告。实行施工总承包的建设工程，由总承包单位负责上报事故。

（4）发生生产安全事故后，施工单位应当采取措施防止事故扩大，保护事故现场。需要移动现场物品时，应当做出标记和书面记录，妥善保管有关证物。

（5）建设工程生产安全事故的调查、对事故责任单位和责任人的处罚与处理，按照有关法律、法规的规定执行。

2.4.4　相关法律责任

（1）施工单位有下列行为之一的，责令限期改正；逾期未改正的，责令停业整顿，依照《中华人民共和国安全生产法》的有关规定处以罚款；造成重大安全事故，构成犯罪的，对直接责任人员，依照刑法有关规定追究刑事责任。

①未设立安全生产管理机构、配备专职安全生产管理人员或者分部分项工程施工时无专职安全生产管理人员现场监督的；

②施工单位的主要负责人、项目负责人、专职安全生产管理人员、作业人员或者特种作业人员，未经安全教育培训或者经考核不合格即从事相关工作的；

③未在施工现场的危险部位设置明显的安全警示标志，或者未按照国家有关规定在施工现场设置消防通道、消防水源、配备消防设施和灭火器材的；

④未向作业人员提供安全防护用具和安全防护服装的；

⑤未按照规定在施工起重机械和整体提升脚手架、模板等自升式架设设施验收合格后登记的；

⑥使用国家明令淘汰、禁止使用的危及施工安全的工艺、设备、材料的。

（2）施工单位有下列行为之一的，责令限期改正；逾期未改正的，责令停业整顿，并处5万元以上10万元以下的罚款；造成重大安全事故，构成犯罪的，对直接责任人员，依照刑法有关规定追究刑事责任。

①施工前未对有关安全施工的技术要求作出详细说明的；

②未根据不同施工阶段和周围环境及季节、气候的变化，在施工现场采取相应的安全施工措施，或者在城市市区内的建设工程的施工现场未实行封闭围挡的；

③在尚未竣工的建筑物内设置员工集体宿舍的；

④施工现场临时搭建的建筑物不符合安全使用要求的；

⑤未对因建设工程施工可能造成损害的毗邻建筑物、构筑物和地下管线等采取专项防护措施的。

施工单位有前款规定第④项、第⑤项行为，造成损失的，依法承担赔偿责任。

（3）施工单位有下列行为之一的，责令限期改正；逾期未改正的，责令停业整顿，并处10万元以上30万元以下的罚款；情节严重的，降低资质等级，直至吊销资质证书；造成重大安全事故，构成犯罪的，对直接责任人员，依照刑法有关规定追究刑事责任；造成损失的，依法承担赔偿责任。

①安全防护用具、机械设备、施工机具及配件在进入施工现场前未经查验或者查验不合格即投入使用的；

②使用未经验收或者验收不合格的施工起重机械和整体提升脚手架、模板等自升式架设设施的；

③委托不具有相应资质的单位承担施工现场安装、拆卸施工起重机械和整体提升脚手架、模板等自升式架设设施的；

④在施工组织设计中未编制安全技术措施、施工现场临时用电方案或者专项施工方案的。

(4)施工单位的主要负责人、项目负责人未履行安全生产管理职责的,责令限期改正;逾期未改正的,责令施工单位停业整顿;造成重大安全事故、重大伤亡事故或者其他严重后果,构成犯罪的,依照刑法有关规定追究刑事责任。

作业人员不服管理、违反规章制度和操作规程冒险作业造成重大伤亡事故或者其他严重后果,构成犯罪的,依照刑法有关规定追究刑事责任。

施工单位的主要负责人、项目负责人有前款违法行为,尚不够刑事处罚的,处2万元以上20万元以下的罚款或者按照管理权限给予撤职处分;自刑罚执行完毕或者受处分之日起,5年内不得担任任何施工单位的主要负责人、项目负责人。

习　题

(一)填空题

1.《建设工程安全生产管理条例》的立法目的是为了加强建设工程安全生产监督管理,保障人民群众(　　)和(　　)安全。

2.施工单位(　　)依法对本单位的安全生产工作全面负责。

3.施工单位应当建立健全安全生产责任制度和安全生产(　　)制度,制定安全生产规章制度和操作规程,保证本单位安全生产条件所需资金的投入,对所承担的建设工程进行定期和专项安全检查,并做好安全检查记录。

4.施工单位的(　　)对建设工程项目的安全施工负责。

5.建设工程项目专职安全生产管理人员的配备,1 万 m² 以下的工程不少于(　　)人;1 万~5 万 m² 的工程不少于(　　)人;5 万 m² 及以上的工程不少于(　　)人。

6.建设工程施工前,施工单位负责项目管理的技术人员应当对有关安全施工的技术要求向施工作业班组、(　　)作出详细说明,并由双方签字确认,即安全技术交底。

(二)选择题

1.危险性较大的分部分项工程施工过程中(　　)进行现场监督。
　A.专职安全生产管理人员　　　　　　B.项目负责人
　C.企业负责人　　　　　　　　　　　D.监理工程师

2.施工现场的危险性较大的分部分项工程包括(　　)。
　A.基坑支护与降水工程　　　　　　　B.土方开挖工程
　C.模板工程　　　　　　　　　　　　D.起重吊装工程
　E.脚手架工程　　　　　　　　　　　F.拆除、爆破工程

(三)判断题

1.作业人员无权对施工现场的作业条件、作业程序和作业方式中存在的安全问题提出批评、检举和控告。　　　　　　　　　　　　　　　　　　　　　　　　　　(　　)

2.在中华人民共和国境内从事建设工程的新建、扩建、改建和拆除等有关活动及实施对建设工程安全生产的监督管理,包括抢险救灾和农民自建低层住宅都必须遵守《建设工程安全生产管理条例》。　　　　　　　　　　　　　　　　　　　　　　（　　）

3.在施工中发生危及人身安全的紧急情况时,作业人员有权立即停止作业或者在采取必要的应急措施后撤离危险区域。　　　　　　　　　　　　　　　　　　（　　）

4.作业人员进入新的岗位或者新的施工现场前,应当接受安全生产教育培训。未经教育培训或者教育培训考核不合格的人员,不得上岗作业。　　　　　　　　　（　　）

5.施工单位在采用新技术、新工艺、新设备、新材料时,应当对作业人员进行相应的安全生产教育培训。　　　　　　　　　　　　　　　　　　　　　　　　　（　　）

6.发生生产安全事故后,施工单位应当采取措施防止事故扩大,保护事故现场。（　　）

7.施工单位的主要负责人、项目负责人未履行安全生产管理职责,造成重大安全事故、重大伤亡事故或者其他严重后果,构成犯罪的,依照刑法有关规定追究刑事责任。（　　）

8.作业人员不服管理、违反规章制度和操作规程冒险作业造成重大伤亡事故或者其他严重后果,构成犯罪的,依照刑法有关规定追究刑事责任。　　　　　　　（　　）

2.5 中共中央国务院关于安全生产领域改革发展意见及自治区安全生产严格执法十项措施

2.5.1 《中共中央国务院关于推进安全生产领域改革发展的意见》

《中共中央国务院关于推进安全生产领域改革发展的意见》(以下简称《意见》)于2016年12月9日印发。《意见》分为总体要求、健全落实安全生产责任制、改革安全监管监察体制、大力推进依法治理、建立安全预防控制体系、加强安全基础保障能力建设6部分,共30条。

这是新中国成立以来第一个以党中央、国务院名义出台的安全生产工作的纲领性文件,对推动我国安全生产工作具有里程碑式的重大意义。其目标任务是:到2020年,安全生产监管体制机制基本成熟,法律制度基本完善,全国生产安全事故总量明显减少,职业病危害防治取得积极进展,重特大生产安全事故频发势头得到有效遏制,安全生产整体水平与全面建成小康社会目标相适应;到2030年,实现安全生产治理体系和治理能力现代化,全民安全文明素质全面提升,安全生产保障能力显著增强,为实现中华民族伟大复兴的中国梦奠定稳固可靠的安全生产基础。

出台背景:一些地区和行业领域安全生产事故多发,根源是思想意识问题,抓安全生产态度不坚决、措施不得力。《意见》指出,要坚守"发展决不能以牺牲安全为代价"这条不可逾越的红线,构建"党政同责、一岗双责、齐抓共管、失职追责"的安全生产责任体系,推进安全监管体制改革,坚持管安全生产必须管职业健康,充实执法力量,堵塞监管漏洞,切实消除盲区。长期以来,基层安监干部陷入"去检查会失职,不去检查是渎职"的两难境地。《意见》提出,建立安全生产监管执法人员依法履行法定职责制度,对监管执法责任边界、履职内容、追责条件等作出明确规定,激励监管执法人员忠于职守、履职尽责、敢于担当、严格执法。统计表明,90%以上的事故都是企业违法违规生产经营建设所致。借鉴"醉驾入刑"的立法思路,《意见》提出研究修改刑法有关条款,将无证生产经营建设、拒不整改重大隐患、强令违章冒险作业、拒不执行安全监察执法指令等具有明显的主观故意、极易导致重大生产安全事故的违法行为纳入刑法调整范围,同时要求企业对本单位安全生产和职业健康工作负全面责任。为落实企业安全生产责任,自 2006 年起我国实行安全生产风险抵押金制度。安全生产责任保险制度具有风险转嫁能力强、事故预防能力突出、注重应急救援和第三者伤害补偿等特点,近年来一些地区积极推进并积累了成功经验。《意见》取消了安全生产风险抵押金制度,建立安全生产责任保险制度,调动各方积极性,共同化解安全风险。

一些特重大事故教训暴露出,项目建设初期把关不严,必然为后期安全生产埋下隐患。《意见》提出实行重大安全风险"一票否决",明确要求高危项目必须进行安全风险评审,方可审批,城乡规划布局、设计、建设、管理等各项工作必须严把安全关,坚决做到不安全的规划不批、不安全的项目不建、不安全的企业不生产。同时将此规定落实情况纳入对省级政府的安全生产考核内容。

一些地区在事故调查结案后,对提出的整改措施跟踪不及时、落实不到位,致使同一地区、同一行业领域甚至同一企业类似事故反复发生。今后,我国将建立事故暴露问题整改督办制度,事故结案后一年内,负责事故调查的地方政府和国务院有关部门及时组织开展评估,对事故问题整改、防范措施落实、相关责任人处理等情况进行专项检查,结果向社会公开,对于履职不力、整改措施不落实、责任人追究不到位的,要依法依规严肃追究有关单位和人员责任,确保血的教训决不能再用鲜血去验证。

《意见》提出,加强安全发展示范城市建设,加强对矿山、危险化学品、道路交通等重点行业领域工程治理,加强安全生产信息化建设。改革生产经营单位职业危害预防治理和安全生产国家标准制定发布机制,明确规定由国务院安全生产监督管理部门负责制定有关工作。设区的市可根据上位法的立法精神,加强安全生产地方性法规建设,解决区域性安全生产突出问题。

2.5.2 新疆维吾尔自治区安全生产严格执法十项措施

(1)目的:贯彻落实习近平新时代中国特色社会主义思想和党的十九大,十九届二中、三中全会精神,深入贯彻落实习近平总书记关于安全生产十个方面的重要论述、重要指示精神,聚焦新疆社会稳定和长治久安总目标,始终保持安全生产常态化高压严管态势,推动生产经营单位严格落实安全生产主体责任。

(2)依据:《中华人民共和国安全生产法》《新疆维吾尔自治区安全生产条例》等法律法规规定。

(3)发布:2018 年 8 月 7 日自治区人民政府党组第 30 次会议审议通过。

(4)要求:充分认识做好安全生产工作的极端重要性,把依法严厉打击安全生产非法违法行为作为聚焦总目标、落实总目标的重要举措,作为落实安全发展理念的具体行动。要充分利用广播、电视、报纸及微博、微信等各类媒体广泛宣传安全生产严格执法十项措施,让各类生产经营单位知敬畏、抓安全、守底线。要按照"党政同责、一岗双责"和"管行业必须管安全、管业务必须管安全、管生产经营必须管安全"要求,严格履行安全生产监管责任,结合日常安全监管执法、安全生产督查检查、安全生产专项治理工作,从严从重从快打击安全生产非法违法行为,整治安全生产各类突出问题,维护法律权威、发挥震慑作用,形成全区上下从严从实监管执法保安全促稳定的良好态势,为实现新疆社会稳定和长治久安总目标提供稳定的安全生产环境,十项措施具体内容如下。

①生产经营单位发生生产安全责任事故造成1人以上死亡或者3人以上重伤,一律依法移送司法机关追究单位主要负责人、主管人员和其他直接责任人员的刑事责任。

②生产经营单位存在超能力、超强度、超定员组织生产经营或存在违章指挥、违章作业、违反劳动纪律现象的,一律依法给予上限经济处罚。

③生产经营单位未按规定对事故隐患进行评估、监控、治理和报告,或者重大事故隐患排除前或排除过程中无法保证安全生产,或者发生生产安全事故的,一律依法予以停产停业整顿。

④生产经营单位存在重大隐患,拒不执行负有安全生产监督管理职责的部门下达的整改指令,且不能保证安全生产的,一律依法采取停止供电、停止供应民用爆炸物品等强制措施。

⑤生产经营单位超出安全生产许可范围从事应当获得安全生产许可的生产经营活动,或者安全生产技术服务机构出具虚假证明,或者发生生产安全事故的,一律依法暂扣或吊销安全生产许可证、资质证。

⑥生产经营单位经停产停业整顿仍不具备安全生产条件,或者未经安全生产许可非法从事生产经营活动的,一律依法予以关闭或取缔。

⑦生产经营单位违章指挥、强令或者放任从业人员冒险作业,除依法查处外,一律对生产经营单位主要负责人、分管负责人实施强制安全教育培训。

⑧生产经营单位主要负责人未依法履行安全生产职责导致事故发生,受到撤职处分或者依法被追究刑事责任的,一律依法实行职业禁入和行业禁入,五年内不得担任任何生产经营单位的主要负责人。

⑨生产经营单位发生较大及以上生产安全责任事故或1年内累计发生3起及以上造成人员死亡生产安全事故,或者重大事故隐患没有按要求整改治理,或者被责令停产停业整顿期间仍然从事生产经营活动的,除依法查处外,一律实施"联合惩戒"。

⑩生产经营单位被责令停产停业整顿、暂扣或吊销安全生产许可证、资质证以及被依法关闭取缔、被实施"联合惩戒"的,一律予以媒体曝光。

习 题

(一) 选择题

1.统计表明,(   )%以上的事故都是企业违法违规生产经营所致。

 A. 70   B. 80   C. 90   D. 95

2.生产经营单位发生生产安全责任事故造成(　　　)人以上死亡或者(　　　)人以上重伤,一律依法移送司法机关追究单位主要负责人、主管人员和其他直接责任人员的刑事责任。

A.1　　　　　　　　B.2　　　　　　　　C.3　　　　　　　　D.4

3.生产经营单位发生较大及以上生产安全责任事故或1年内累计发生(　　　)起及以上造成人员死亡生产安全事故一律实施"联合惩戒"。

A.1　　　　　　　　B.2　　　　　　　　C.3　　　　　　　　D.4

4.受到撤职处分或者依法被追究刑事责任的,一律依法实行职业禁入和行业禁入,(　　　)年内不得担任任何生产经营单位的主要负责人。

A.3　　　　　　　　B.5　　　　　　　　C.10　　　　　　　D.永久

(二)判断题

1.《中共中央国务院关于推进安全生产领域改革发展的意见》是新中国成立以来第一个以党中央、国务院名义出台的安全生产工作的纲领性文件,对推动我国安全生产工作具有里程碑式的重大意义。　　　　　　　　　　　　　　　　　　　　　　　　(　　　)

2.生产经营单位被责令停产停业整顿、暂扣或吊销安全生产许可证、资质证以及被依法关闭取缔、被实施"联合惩戒"的,一律予以媒体曝光。　　　　　　　　　　(　　　)

3.生产经营单位违章指挥、强令或者放任从业人员冒险作业,除依法查处外,一律对生产经营单位主要负责人、分管负责人实施强制安全教育培训。　　　　　　　(　　　)

4.生产经营单位存在重大隐患,拒不执行负有安全生产监督管理职责的部门下达的整改指令,且不能保证安全生产的,一律依法采取停止供电、停止供应民用爆炸物品等强制措施。　　　　　　　　　　　　　　　　　　　　　　　　　　　　　(　　　)

5.生产经营单位经停产停业整顿仍不具备安全生产条件,或者未经安全生产许可非法从事生产经营活动的,一律依法予以关闭或取缔。　　　　　　　　　　　　(　　　)

6.生产经营单位存在超能力、超强度、超定员组织生产经营或存在违章指挥、违章作业、违反劳动纪律现象的,一律依法给予上限经济处罚。　　　　　　　　　　(　　　)

7.生产经营单位存在重大隐患,拒不执行负有安全生产监督管理职责的部门下达的整改指令,且不能保证安全生产的,一律依法采取停止供电、停止供应民用爆炸物品等强制措施。

　　　　　　　　　　　　　　　　　　　　　　　　　　　　　　　　　　(　　　)

8.生产经营单位超出安全生产许可范围从事应当获得安全生产许可的生产经营活动,或者安全生产技术服务机构出具虚假证明,或者发生生产安全事故的,一律依法暂扣或吊销安全生产许可证、资质证。　　　　　　　　　　　　　　　　　　　　(　　　)

9.生产经营单位经停产停业整顿仍不具备安全生产条件,或者未经安全生产许可非法从事生产经营活动的,一律依法予以关闭或取缔。　　　　　　　　　　　　(　　　)

10.生产经营单位违章指挥、强令或者放任从业人员冒险作业,除依法查处外,一律对生产经营单位主要负责人、分管负责人实施强制安全教育培训。　　　　　　(　　　)

11.生产经营单位主要负责人未依法履行安全生产职责导致事故发生,受到撤职处分或者依法被追究刑事责任的,一律依法实行职业禁入和行业禁入,五年内不得担任任何生产经营单位的主要负责人。　　　　　　　　　　　　　　　　　　　(　　　)

2.6 中华人民共和国刑法修正案(十一)

2.6.1 《刑法修正案》的认识

《刑法修正案》是指 1997 年新《刑法》颁布以来,全国人民代表大会及其常设机构对原《刑法》中不再适应社会发展的要求的有关条文,通过全国人大予以修改、补充,加以完善。刑法理论与实践的发展是刑法修正的前提和基础,《刑法修正案》作为对刑法条文的具体修正,与原《刑法》具有同等法律效力,是中国特色社会主义刑法体系的重要组成部分。

2.6.2 《刑法修正案(十一)》相关内容

《刑法修正案(十一)》于 2021 年 3 月 1 日起实施,修订重点之一是加大了对安全生产犯罪的预防惩治,进一步强化对劳动者生命安全的保障,维护生产安全。

一是对社会反映突出的高空抛物、妨害公共交通工具安全驾驶的犯罪进一步作出明确规定,维护人民群众"头顶上的安全"和"出行安全"。

二是提高重大责任事故类犯罪的刑罚,对明知存在重大事故隐患而拒不排除,仍冒险组织作业,造成严重后果的事故类犯罪加大刑罚力度。

三是刑事处罚阶段适当前移,针对实践中的突出情况,规定对具有导致严重后果发生的现实危险的三项多发易发安全生产违法违规情形,追究刑事责任。

通常情况下,只有发生了重大事故的才会构成该刑事犯罪,但随着《刑法修正案(十一)》的出台,即使没有发生事故,也有可能构成犯罪。反映了国家对安全生产的高度重视和从严治理要求,需要引起广大企业和从业人员的高度重视。

涉及安全法条修订对比见表 2-4。

《刑法修正案(十一)》修订对比 表 2-4

原 条 文	新 条 文
第一百三十四条 【重大责任事故罪】在生产、作业中违反有关安全管理的规定,因而发生重大伤亡事故或者造成其他严重后果的,处三年以下有期徒刑或者拘役;情节特别恶劣的,处三年以上七年以下有期徒刑。 【强令违章冒险作业罪】强令他人违章冒险作业,因而发生重大伤亡事故或者造成其他严重后果的,处五年以下有期徒刑或者拘役;情节特别恶劣的,处五年以上有期徒刑。	第一百三十四条 【重大责任事故罪】在生产、作业中违反有关安全管理的规定,因而发生重大伤亡事故或者造成其他严重后果的,处三年以下有期徒刑或者拘役;情节特别恶劣的,处三年以上七年以下有期徒刑。 【强令违章冒险作业罪】强令他人违章冒险作业,或者明知存在重大事故隐患而不排除,仍冒险组织作业,因而发生重大伤亡事故或者造成其他严重后果的,处五年以下有期徒刑或者拘役;情节特别恶劣的,处五年以上有期徒刑

原 条 文	新 条 文
无	第一百三十四条之一　　在生产、作业中违反有关安全管理的规定，有下列情形之一，具有发生重大伤亡事故或者其他严重后果的现实危险的，处一年以下有期徒刑、拘役或者管制： （一）关闭、破坏直接关系生产安全的监控、报警、防护、救生设备、设施，或者篡改、隐瞒、销毁其相关数据、信息的； （二）因存在重大事故隐患被依法责令停产停业、停止施工、停止使用有关设备、设施、场所或者立即采取排除危险的整改措施，而拒不执行的； （三）涉及安全生产的事项未经依法批准或者许可，擅自从事矿山开采、金属冶炼、建筑施工，以及危险物品生产、经营、储存等高度危险的生产作业活动的

（1）修订了强令违章冒险作业罪，增加了"明知存在重大事故隐患而不排除，仍冒险组织作业"的行为。

将刑法第一百三十四条第二款修订为："强令他人违章冒险作业，或者明知存在重大事故隐患而不排除，仍冒险组织作业，因而发生重大伤亡事故或者造成其他严重后果的，处五年以下有期徒刑或者拘役；情节特别恶劣的，处五年以上有期徒刑。"

"明知存在重大事故隐患而不排除，仍冒险组织作业"，就是有证据证明"明知"，就可以追究刑事责任。

（2）在刑法第一百三十四条后增加一条，作为第一百三十四条之一："在生产、作业中违反有关安全管理的规定，有下列情形之一，具有发生重大伤亡事故或者其他严重后果的现实危险的，处一年以下有期徒刑、拘役或者管制。

①增加了关闭破坏生产安全设备设施和篡改、隐瞒、销毁数据信息的犯罪。

"关闭、破坏直接关系生产安全的监控、报警、防护、救生设备、设施，或者篡改、隐瞒、销毁其相关数据、信息的"。

②增加了拒不整改重大事故隐患犯罪。

"因存在重大事故隐患被依法责令停产停业、停止施工、停止使用有关设备、设施、场所或者立即采取排除危险的整改措施，而拒不执行的"。

③增加了擅自从事高危生产作业活动的犯罪。

"涉及安全生产的事项未经依法批准或者许可，擅自从事矿山开采、金属冶炼、建筑施工，以及危险物品生产、经营、储存等高度危险的生产作业活动的。"

长期以来，不少生产经营单位主要负责人和相关从业人员根深蒂固存在一种概念，即安全生产就是结果导向论。**"出事故是偶然的，概率很低""不出事就没事，出了事才有事"**，因此，没有安全生产自身压力，安全管理粗放，排查治理安全风险和事故隐患流于形式，得过且过，明知存在重大事故隐患而不排除，仍冒险组织作业，拒不执行因存在重大事故隐患被依法责令停产停业、停止施工、停止使用有关设备、设施、场所或者立即采取排除危险的整改措施等监管监察指令,应付整改、拖延整改、虚假整改、拒不整改重大事故隐患的情况司空见惯。《刑法修正案(十一)》的发布将会对安全生产违法行为产生极大的威慑力,就是没有发生事故,但是具有发生事故危险的,也可能构成刑事犯罪。

2.6.3　重大安全责任罪"现实危险"的认定

《中华人民共和国刑法修正案(十一)》第四条列举了三种具体情形,值得注意的是,本条并未规定其他类似情形,因此仅在这三种情形下,有发生重大伤亡事故或者其他严重后果的现实危险的,将被依法追究刑事责任。

归纳为以下三种类型。

(1)破坏安全系统型

第一种情形是"关闭、破坏直接关系生产安全的监控、报警、防护、救生设备、设施,或者篡改、隐瞒、销毁其相关数据、信息的"。简单来说,就是破坏了原安全生产系统。

原本建立的生产线,安全设施、手续齐全,但行为人实施了关闭或者破坏安全生产线的行为,例如关闭监控、报警、防护、救生设施,或者将不合格数据信息篡改等。

虽然尚未发生事故,但行为人的行为,使得下一次生产具有发生重大伤亡事故或者其他重大安全事故的可能,就会被追究刑事责任。

(2)拒不整改型

第二种情形是"因存在重大事故隐患被依法责令停产停业、停止施工、停止使用有关设备、设施、场所或者立即采取排除危险的整改措施,而拒不执行的"。

因存在重大事故隐患,行为人的生产线已经受过相关主管部门的行政处罚,或者已经被勒令整改,但仍然拒不改正的,就会被追究刑事责任。

(3)擅自生产型

第三种情形是"涉及安全生产的事项未经依法批准或者许可,擅自从事矿山开采、金属冶炼、建筑施工,以及危险物品生产、经营、储存等高度危险的生产作业活动的"。

《建筑法》《安全生产法》《矿山安全法》《特种设备安全法》等法律法规对于各类行业,均有相应的安全生产规范及经营许可范围。特别是涉及危险行业例如矿山开采、建筑施工、危险物品生产等行业,对其安全设施设计、安全制度建立等均有考核,考核通过方能获得生产许可。

对于国家规定的,应该申请批准或许可的涉及安全生产事项,行为人未经批准或许可,就私自开展生产作业活动的,就会被追究刑事责任。建设工程项目不履行工程建设基本程序的违法建设就属于此类情形。

习　　题

(一)选择题

1.《刑法修正案(十一)》于2021年3月1日起实施,修订重点之一是加大了对(　　　)犯罪的预防惩治,进一步强化对劳动者生命安全的保障,维护生产安全。

A. 安全生产　　　　B. 经济　　　　　C. 刑事　　　　　D. 民事

2. 强令违章冒险作业罪：强令他人违章冒险作业，或者明知存在重大事故隐患而不排除，仍冒险组织作业，因而发生重大伤亡事故或者造成其他严重后果的，处五年以下有期徒刑或者拘役；情节特别恶劣的，处(　　　)有期徒刑。

A. 十年以上　　　　　　　　　　B. 五年以上十年以下
C. 五年以上　　　　　　　　　　D. 两年以上五年以下

3. 重大责任事故罪：在生产、作业中违反有关安全管理的规定，因而发生重大伤亡事故或者造成其他严重后果的，处三年以下有期徒刑或者拘役；情节特别恶劣的，处(　　　)有期徒刑。

A. 三年以上七年以下　　　　　　B. 五年以上
C. 五年以上十年以下　　　　　　D. 十年以上

4. 国家规定的应该申请批准或许可的涉及安全生产事项，行为人未经批准或许可就私自开展生产作业活动的，可能被追究(　　　)。

A. 刑事责任　　　　B. 行政责任　　　　C. 民事责任　　　　D. 侵权责任

5. 提高重大责任事故类犯罪的刑罚，对明知存在重大事故隐患而拒不排除，仍冒险组织作业，造成严重后果的事故类犯罪(　　　)。

A. 吊销营业执照　　　　　　　　B. 减轻或免除处罚
C. 不改变　　　　　　　　　　　D. 加大刑罚力度

6.《中华人民共和国刑法修正案(十一)》规定存在(　　　)三种情形，有发生重大伤亡事故或者其他严重后果的现实危险的，将被依法追究刑事责任。

A. 破坏安全系统型　　　B. 拒不整改型　　　C. 擅自生产型

(二)判断题

1. 强令他人违章冒险作业，或者明知存在重大事故隐患而不排除，仍冒险组织作业，因而发生重大伤亡事故或者造成其他严重后果的，处五年以下有期徒刑或者拘役；情节特别恶劣的，处五年以上有期徒刑。　　　　　　　　　　　　　　　　　　　　　(　　　)

2. 存在重大事故隐患被依法责令停产停业、停止施工或者立即采取排除危险的整改措施而拒不执行，具有发生重大伤亡事故或者其他严重后果的现实危险的，处一年以下有期徒刑、拘役或者管制。　　　　　　　　　　　　　　　　　　　　(　　　)

3. 涉及安全生产的事项未经依法批准或者许可擅自从事建筑施工活动，具有发生重大伤亡事故或者其他严重后果的现实危险的，处一年以下有期徒刑、拘役或者管制。
　　　　　　　　　　　　　　　　　　　　　　　　　　　　　　　(　　　)

4. 存在重大事故隐患被依法责令停产停业、停止施工、停止使用有关设备、设施、场所或者立即采取排除危险的整改措施，而拒不执行的，只有发生了重大事故的才会构成刑事犯罪。　　　　　　　　　　　　　　　　　　　　　　　　(　　　)

5. 虽然目前尚未发生事故，但行为人的行为使得下一次生产具有发生重大伤亡事故或者其他重大安全事故的可能，不能被追究刑事责任。　　　　　　　　　　　(　　　)

2.7 安全生产行政执法与刑事司法衔接工作办法

2.7.1 《安全生产行政执法与刑事司法衔接工作办法》的出台背景

安全生产工作关系到人民群众生命财产安全,关系到改革、发展和稳定大局。当前我国正处于工业化、城镇化持续推进过程中,安全生产基础薄弱,生产安全事故易发多发,尤其是重特大生产安全事故频发势头尚未得到有效遏制,造成群死群伤的重特大生产安全事故时有发生,社会影响十分恶劣。如何进一步完善安全生产监管体制机制,切实防范化解安全生产风险,是一个亟待解决的重要课题。

安全生产工作牵涉面广,需要多部门相互协作,共同推进。实践中发生的生产安全事故发生原因复杂,需要综合采用行政、刑事和经济手段予以综合惩治。一起生产安全事故发生后,一般由行政机关组成事故调查组开展事故调查,发现相关责任人员存在刑事犯罪嫌疑的,再将案件线索和证据材料移送司法机关处理。对于事故调查过程中确定相关责任人员存在刑事犯罪嫌疑的应当向司法机关移送哪些证据材料和法律文书、行政机关事故调查过程中收集的证据材料能否作为刑事诉讼证据使用、人民法院作出的生效裁判文书的送达范围,以及人民检察院如何有效开展法律监督等方面问题,一直存在较大争议,造成各部门间沟通协作不畅,安全生产犯罪案件办理周期过长,严重影响此类案件的依法公正审理,亟须采取切实措施予以解决。

中共中央、国务院 2016 年 12 月 9 日印发的《中共中央国务院关于推进安全生产领域改革发展的意见》(以下简称《意见》)提出,大力推进安全生产领域依法治理,健全法律法规体系。为贯彻落实《意见》的相关要求,建立健全安全生产行政执法与刑事司法衔接工作机制,依法惩治安全生产违法犯罪行为,保障人民群众生命财产安全和社会稳定,自 2018 年 4 月开始,应急管理部、公安部、最高人民法院、最高人民检察院联合开展深入调研,广泛征求各方面意见,并向社会公开征求意见,根据各方面意见认真研究修改,最终于 2019 年 4 月联合印发《安全生产行政执法与刑事司法衔接工作办法》(以下简称《办法》)。

2.7.2 《办法》主要内容

《办法》对于建立健全安全生产行政执法与刑事司法衔接工作机制,依法严厉惩治安全生产违法犯罪行为,保障人民群众生命财产安全和社会稳定,具有重要意义。

《办法》包括总则、日常执法中的案件移送与法律监督、事故调查中的案件移送与法律监督、证据的收集与使用、协作机制和附则等六章共三十三条,适用于应急管理部门(含煤矿安全监察机构、消防机构)、公安机关、人民法院、人民检察院办理的生产经营单位及有关人员涉嫌安全生产犯罪案件。

《办法》对日常执法和事故调查中的案件移送与法律监督分别作出了规定,总体形成了日常执法中的案件移送、立案、立案监督程序"闭环",强化了事故调查中各部门从立案到协调解决意见分歧的全过程协调配合,明确应急管理部门、公安机关、人民检察院对案件的性质认定、法律适用、责任追究等有意见分歧的,应当加强协调沟通,必要时可以就法律适用等方面问题听取人民法院意见。

《办法》还对实践中存在争议的案件的证据收集和使用问题作出了规定,明确行政机关和事故调查组在查处违法行为或者事故调查过程中依法收集制作的检验报告、鉴定意见以及经依法批复的事故调查报告等证据材料,在刑事诉讼中可以作为证据使用。事故调查组依照有关规定提交的事故调查报告应当由其成员签名,没有签名的,应当予以补正或者作出合理解释。

《办法》着力构建安全生产行政执法与刑事司法衔接工作常态化协作机制,作出了有针对性的规定。一是各级应急管理部门、公安机关、人民检察院、人民法院应当明确本单位牵头机构和联系人,加强日常工作沟通与协作,定期召开联席会议,协调解决重要问题。二是各省、自治区、直辖市应急管理部门、公安机关、人民检察院、人民法院应当每年定期联合通报辖区内有关涉嫌安全生产犯罪案件移送、立案、批捕、起诉、裁判结果等方面信息。三是人民法院应当依法及时上网公布生效判决、裁定并送达有关部门。四是人民检察院、人民法院发现有关生产经营单位在安全生产保障方面存在问题或者有关部门在履行安全生产监督管理职责方面存在违法、不当情形的,可以发出检察建议、司法建议,有关生产经营单位或者有关部门应当按规定及时处理并书面反馈处理情况。

2.7.3 《办法》实施过程中注意问题

(1)《办法》适用的案件范围

《办法》第二条规定:"本办法适用于应急管理部门、公安机关、人民法院、人民检察院办理的涉嫌安全生产犯罪案件",即《办法》适用的案件范围为安全生产犯罪案件。从广义上讲,安全生产犯罪既包括个人故意破坏生产经营设备、故意干扰生产、作业进程或者直接故意危害生产、作业人员人身安全的犯罪,也包括因过失导致发生生产安全事故的犯罪。

根据现行法律规定,对于个人故意实施的直接破坏生产、作业活动或者危害生产、作业人员人身安全的犯罪行为,应由公安机关直接立案侦查,一般不涉及行政执法与刑事司法的衔接问题。

根据《安全生产法》和《生产安全事故报告和调查处理条例》的规定,安全生产监督管理部门和其他负有安全生产监督管理职责的部门依法开展安全生产行政执法工作;发生生产安全事故的,由县级以上人民政府负责事故调查,也可以授权或者委托有关部门组织事故调查组进行调查。上述行政机关在事故调查中发现的生产经营单位或者相关责任人的违法犯罪行为,可能构成重大责任事故罪、强令违章冒险作业罪、重大劳动安全事故罪、危险物品肇事罪、消防责任事故罪、失火罪和不报、谎报安全事故罪等罪名,均需由行政机关将犯罪线索和在行政执法或者事故调查过程中收集的证据材料移送司法机关处理,有必要对相关程序衔接问题作出明确规定。

(2)行政机关收集证据材料的证据效力

行政机关在行政执法和查办案件过程中收集的物证、书证、视听资料、电子数据等实物证据,以及勘验、检查笔录等客观性较强的证据,可以直接作为刑事诉讼证据使用。

行政机关收集的证人证言、当事人陈述等言词证据,由于主观性较强,容易发生变化,且行政机关收集言词证据的程序可能不够严谨,难以保证证据内容的真实性,不宜直接作为刑事诉讼证据使用,应由侦查机关重新收集固定后才能采信。

事故调查组依照有关规定提交的事故调查报告没有签名的,应当予以补正或者作出合理解释。如果既无成员签名,又无法补正或者作出合理解释的,原则上不应作为刑事诉讼证据使用。

(3)人民法院裁判文书的送达范围

人民法院作出的生效裁判文书能否依法及时送达相关单位,直接关系到对罪犯所判处刑罚能否及时得到执行。在安全生产犯罪案件中,往往还涉及到罪犯的党纪政纪处分以及职业禁止措施的落实问题,裁判文书的送达问题更应引起重视。

《办法》对于安全生产犯罪案件的裁判文书送达范围,区分两种情况作出了规定。第一,判决适用职业禁止措施的。现行法律和司法解释对人民法院判决适用的职业禁止措施的执行机关未作明确规定,结合安全生产法等法律、行政法规的规定,由承担安全生产综合监管职能的应急管理部门执行最为合适。另外,应当将裁判文书送达罪犯居住地的县级应急管理部门和公安机关,同时还应抄送罪犯居住地县级人民检察院,便于人民检察院依法开展法律监督。第二,罪犯具有国家工作人员身份的,往往涉及到党纪政纪处分的落实问题,人民法院应当将裁判文书送达罪犯原所在单位,由其原所在单位或者由其原所在单位报请有关部门落实党纪政纪处分措施。

(4)人民法院如何在安全生产工作中发挥积极作用

《办法》第二十二条明确,组织事故调查的应急管理部门及同级公安机关、人民检察院对涉嫌安全生产犯罪案件法律适用问题存在意见分歧的,必要时可以听取人民法院意见。另外,为有效纠正非法违法生产经营行为和安全生产监督管理工作疏漏,及时消除安全事故隐患,推动安全生产形势持续稳定好转,《办法》第三十条还规定,人民法院发现有关生产经营单位在安全生产保障方面存在问题或者有关部门在履行安全生产监督管理职责方面存在违法、不当情形的,可以发出司法建议。

习　　题

(一)填空题

《安全生产行政执法与刑事司法衔接工作办法》适用于应急管理部门、公安机关、人民法院、人民检察院办理的生产经营单位及有关人员涉嫌(　　)犯罪案件。

(二)选择题

1.实践中发生的生产安全事故发生原因复杂,需要综合采用( )手段予以综合惩治。

A.行政　　　　　　　B.刑事　　　　　　　　C.经济

2.《安全生产行政执法与刑事司法衔接工作办法》适用于( )办理的生产经营单位及有关人员涉嫌安全生产犯罪案件。

A.应急管理部门　　　B.公安机关　　　　C.人民法院　　　　D.人民检察院

3.安全生产犯罪包括( )。

A.个人故意破坏生产经营设备

B.故意干扰生产、作业进程

C.直接故意危害生产、作业人员人身安全

D.过失导致发生生产安全事故

(三)判断题

1.行政机关和事故调查组在查处违法行为或者事故调查过程中依法收集制作的检验报告、鉴定意见以及经依法批复的事故调查报告等证据材料,在刑事诉讼中可以作为证据使用。　　　　　　　　　　　　　　　　　　　　　　　　　　　　　( )

2.事故调查组依照有关规定提交的事故调查报告应当由其成员签名,没有签名的,应当予以补正或者作出合理解释。　　　　　　　　　　　　　　　　　　　　( )

3.根据现行法律规定,对于个人故意实施的直接破坏生产、作业活动或者危害生产、作业人员人身安全的犯罪行为,应由公安机关直接立案侦查,一般不涉及行政执法与刑事司法的衔接问题。　　　　　　　　　　　　　　　　　　　　　　　　　　( )

4.事故调查报告既无成员签名,又无法补正或者作出合理解释的,原则上不应作为刑事诉讼证据使用。　　　　　　　　　　　　　　　　　　　　　　　　　　( )

第 3 章

建设工程项目专业工程特点及危险性分析

3.1 基坑工程

3.1.1 认识基坑工程

基坑工程：为保证地面向下开挖形成的地下空间在地下结构施工期间的安全稳定所需的挡土结构及地下水控制、环境保护等措施称为基坑工程（图3-1）。

图3-1 基坑工程现场

基坑施工最简单、最经济的办法是放大坡开挖，但经常会受到场地条件、周边环境的限制，所以需要设计支护系统以保证施工的顺利进行，并能较好地保护周边环境。

基坑分级有三种。一级基坑：重要工程，支护结构与基础结构合一工程，开挖深度大于10m，临近建筑物、重要设施在开挖深度以内；开挖影响范围内有历史或近代优秀建筑、重要管线需严加保护；三级基坑：开挖深度小于7m，且周围环境无特别要求时的基坑。二级基坑：除一级和三级外的基坑属二级基坑。

基坑支护结构的类型大致有悬臂式支护结构、内撑式支护结构、拉锚式支护结构、土钉墙、重力式水泥土墙、双排桩等。

基坑土方开挖的施工工艺一般有两种：放坡开挖（无支护开挖）和在支护体系保护下开挖（有支护开挖）。前者既简单又经济，但需具备放坡开挖的条件，即基坑不太深而且基坑平面之外有足够的空间供放坡使用。因此，在空旷地区或周围环境允许放坡而又能保证边坡稳定的条件下优先选用。基坑开挖之前应做好基坑临边防护，基坑施工必须进行临边保护、应采用1.2m高三道栏杆式防护，并采用密目式安全网做封闭防护、临边防护栏杆离基坑边口的距离不应少于50cm，防护做法及示例如图3-2所示。

1) 放坡开挖

(1) 开挖深度不超过4m的基坑且当场地条件允许，并经验算能保证土坡稳定性时，可采用放坡开挖。

(2)开挖深度超过4m的基坑,有条件采用放坡开挖时设置多级平台分层开挖,每级平台的宽度不宜小于1.5m。

(3)放坡开挖的基坑,应符合下列要求:

①坡顶或坡边不宜堆土或堆载,遇有不可避免的附加荷载时,稳定性验算应计入附加荷载的影响;

②基坑边坡必须经过验算,保证边坡稳定;

③土方开挖应在降水达到要求后,采用分层开挖的方法施工,分层厚度不宜超过2.5m;

④土质较差且施工期较长的基坑,边坡宜采用钢丝网水泥或其他材料进行护坡;

⑤放坡开挖应采取有效措施降低坑内水位和排除地表水,严禁地表水或基坑排出的水倒流回渗入基坑。

采用放坡施工时,边坡坡度应严格按不同土质的放坡系数严格控制放坡坡度,对于土层变化较大的边坡,可采用台阶法放坡开挖。

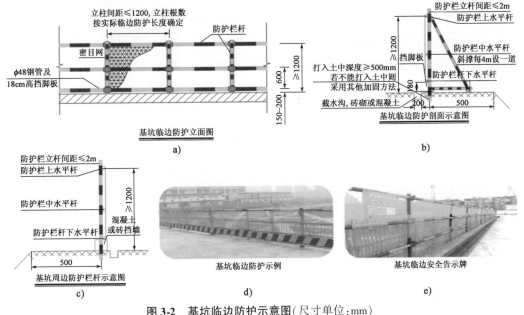

图 3-2 基坑临边防护示意图(尺寸单位:mm)

2)有支护结构的基坑开挖

(1)土方开挖的顺序、方法必须与设计工况相一致,应遵循"开槽支撑、先撑后挖、分层开挖、严禁超挖"的原则;

(2)除设计允许外,挖土机械和车辆不得直接在支撑上行走操作;

(3)采用机械挖土方式时,严禁挖土机械碰撞支撑、立柱、井点管、围护墙和工程桩;

(4)当基坑开挖面上方的锚杆、土钉、支撑未达到设计要求时,严禁向下超挖土方。采用锚杆或支撑的支护结构,在未达到设计规定的拆除条件时,严禁拆除锚杆或支撑。钢支撑的安装周期不宜超过一昼夜,钢筋混凝土支撑的完成时间不宜超过两昼夜;

(5)采用机械挖土,坑底应保留200~300mm基土,用人工平整,防止坑底土体扰动;

（6）对面积较大的一级基坑，土方宜采用分块、分区对称开挖和分区安装支撑的施工方法，土方挖至设计标高后，立即浇筑垫层；

（7）基坑中有局部加深的电梯井、水池等，土方开挖前应对其边坡做必要的加固处理。

3.1.2　基坑工程施工危险性分析

（1）根据住房城乡建设部办公厅关于实施《危险性较大的分部分项工程安全管理规定》有关问题的通知（建办质〔2018〕31号）规定，以下涉及基坑和土方开挖的工程属于危险性较大分部分项工程，容易导致人员群死群伤或者造成重大经济损失。

①基坑工程的开挖深度超过3m（含3m）的基坑（槽）的土方开挖、支护、降水工程。

②基坑工程的开挖深度虽未超过3m，但地质条件、周围环境和地下管线复杂，或影响毗邻建、构筑物安全的基坑（槽）的土方开挖、支护、降水工程。

③人工挖孔桩工程。已列入限制施工工艺，存在下列条件之一的区域不得使用：地下水丰富、孔内空气污染物超标、软弱土层、流沙等不良地质条件区域；机械成孔设备可以到达的区域。

（2）基坑工程施工危险性分析。

基坑施工的主要风险是坍塌，其次还有触电、物体打击、高处坠落等风险。

土方坍塌容易导致施工人员被埋入土中，造成窒息死亡的事故。而抢救被埋人员又比较困难，用工具挖土怕伤人，用手扒土速度又太慢。因此一旦发生此类事故，其危害性较严重。

基坑坍塌原因：土方边坡的稳定主要是土体内土颗粒间存在的摩擦力和黏聚力，使土体具有一定的抗剪强度。黏性土体不易失稳，土体若失稳是沿着滑动面整体滑动（滑坡）；砂性土只有摩擦力，无黏聚力，抗剪强度较差。

造成土体内抗剪强度降低的主要原因是水（雨水、施工用水）使土的含水率增大，土颗粒之间摩擦力和黏聚力降低（水起润滑作用）；造成土体所受剪应力增加的原因主要是坡顶上部的荷载增加和土体自重的增大（含水率增大），及地下水渗流中的动水压力的作用；此外地面水浸入土体的裂缝之中产生静水压力也会使土体内的剪应力增加，因此基坑上部和底部四周须设置截水沟和排水沟（图3-3）。

图3-3　基坑排水沟

其他原因还有沟沿超载而坍塌，如沿沟边堆放大量堆土、停放机具、物料；车辆靠近沟边行驶；基坑振动也易使土坡失稳，如附近有打夯机等重型机械作业，或邻近铁路线上火车频繁通过也容易使土方失稳；解冻的影响，使土的自由水增加降低土的黏聚力，而造成边坡塌方；不按土的特性放坡或不加支撑，或采用的支撑措施不正确等。

（3）基坑工程发生坍塌前的主要迹象。

①周围地面出现裂缝，并不断扩展；

②支撑系统发出挤压等异常响声；

③环梁或排桩、挡墙的水平位移较大，并持续发展；

④支护系统出现局部失稳；

⑤大量水土不断涌入基坑。

（4）有限空间：是指封闭或者部分封闭，与外界相对隔离，出入口较为狭窄，作业人员不能长时间在内工作，自然通风不良，易造成有毒有害、易燃易爆物质积聚或者氧含量不足的空间。有限空间分三类：第一是密闭半密闭设备，如锅炉、烟道、脱硫塔、除尘塔、管道、车载槽罐等；第二是地下建（构）筑物，如深基坑、隧道、管廊、地下工程、地下通道、地下室、地下管沟、暗沟、涵洞、阀门井、电缆井（沟）、地下（电机）泵房、地下仓库、封闭式水池、沼气池、化粪池、地窖、污水池（井）等；第三是地上建（构）筑物，如粮仓、废硅藻土沉降池、消防水储存池、冷库、地上（封闭）管廊等。

有限空间作业主要安全风险类别包括中毒、缺氧窒息、燃爆以及淹溺、高处坠落、触电、物体打击、机械伤害、灼烫、坍塌、掩埋、高温高湿等。在某些环境下，上述风险可能共存，并具有隐蔽性和突发性。

有限空间安全作业五条规定：

①必须严格实行作业审批制度，严禁作业人员擅自进入有限空间作业。

②必须做到"先通风、再检测、后作业"，严禁通风、检测不合格作业。

③必须配备个人防中毒窒息等防护装备，设置安全警示标识，严禁无防护监护措施作业。

④必须对作业人员进行安全培训，严禁教育培训不合格上岗作业。

⑤必须制订应急措施，现场配备应急装备，严禁盲目进行救护。

3.1.3 基坑施工安全技术要求

（1）在沟、槽、坑边堆放土方、材料时，应与坑上部边缘至少保留2m的安全距离，且堆置高度不大于1.5m，严禁超堆荷载，应随时对边坡和支撑进行检查，坑边严禁重型车辆通行。

（2）在挖基坑、槽时，发现不能辨认的物品、管道和线路，应立即报告管理人员进行处理。

（3）作业人员上下基坑时应有安全可靠的专用梯道和跨越基坑的通道（图3-4）。

（4）穿越道路的基坑施工时必须挂放警告标志，夜间应设红灯示警。

（5）当基坑深于相邻原有建筑物基础又无法保持一定的净距时，应采取分段施工、设临时支撑和打板桩及防止临近建筑物危险沉降

图3-4　基坑标准化通道

等施工措施。

(6)施工地下室采用砖砌墙做挡土和模板时,应注意其抗倾覆能力,且土方的分层回填应与混凝土的浇筑同时进行。

(7)采用爆破方法施工时应按爆破工程的安全管理与技术要求执行。

(8)机械开挖应设专人指挥。机械放置平台应保持稳定,挖掘前要发出信号,严禁人员进入机械旋转范围。多台机械开挖,挖土间距应大于10m以上。多台阶开挖应验算边坡稳定,确定挖土机离台阶边坡底脚安全距离。

(9)解冻期施工时,应考虑土体解冻后边坡的稳定性。

(10)在沟槽内的作业人员必须佩戴安全帽。

(11)用潜水泵抽水时,应认真检查设备是否完好,线路有无破损,且必须安装漏电保护器,以免发生触电事故。

(12)基坑施工按设计要求及现场实际情况设置有效的降、排水设施。

习　题

(一)填空题

1.开挖深度超过4m的基坑,有条件采用放坡开挖时设置多级平台分层开挖,每级平台的宽度不宜小于(　　)m。

2.土方开挖应在降水达到要求后,采用分层开挖的方法施工,分层厚度不宜超过(　　)m。

3.在沟、槽、坑边堆放土方、材料时,应与坑上部边缘至少保留(　　)m的安全距离,且堆置高度不大于(　　)m。

(二)选择题

1.为保证地面向下开挖形成的地下空间在地下结构施工期间的安全稳定所需的挡土结构及地下水控制、环境保护等措施称为(　　)。

A.基坑工程　　　　B.建筑施工　　　　C.施工工程　　　　D.土木工程

2.(　　)事故可能将使施工人员部分或全部埋入土中,造成窒息死亡。

A.触电　　　　B.物体打击　　　　C.泄漏　　　　D.土方坍塌

3.基坑施工最简单、最经济的办法是(　　),但经常会受到场地条件、周边环境的限制。

A.支护开挖　　　　B.机械开挖　　　　C.放坡开挖　　　　D.垂直开挖

4.开挖深度不超过4m的基坑且当场地条件允许,并经验算能保证土坡稳定性时,可采用(　　)。

A.放坡开挖　　　　B.支护开挖　　　　C.垂直开挖　　　　D.机械开挖

5.基坑工程中的危大工程包括(　　)。

A.超过3m(含3m)的基坑(槽)的土方开挖、支护、降水工程

B.开挖深度虽未超过3m,但地质条件、周围环境和地下管线复杂

C.人工挖孔桩工程

6.基坑发生坍塌以前的主要迹象有(　　　)。

　　A.周围地面出现裂缝　　　　　　　　B.支撑系统发出挤压等异常响声

　　C.环梁或排桩、挡墙的水平位移较大　　D.支护系统出现局部失稳

　　E.大量水土不断基坑

(三)判断题

1.土方开挖的顺序、方法必须与设计工况相一致,遵循"开槽支撑、先撑后挖、分层开挖、严禁超挖"的原则。　　　　　　　　　　　　　　　　　　　　　　　　　　　　　　(　　　)

2.基坑工程属于危险性较大分部分项工程。　　　　　　　　　　　　　　　　(　　　)

3.放坡开挖应采取有效措施降低坑内水位和排除地表水,严禁地表水或基坑排出的水倒流回渗入基坑。　　　　　　　　　　　　　　　　　　　　　　　　　　　　　　(　　　)

3.2　主 体 工 程

3.2.1　主体工程

主体工程是指地面以上进行的土建工程。主要包括砌筑工程、建筑构件吊装、钢筋混凝土工程、屋面工程等,它是施工的主要阶段,也是用工的高峰期。

从施工安全角度考虑,主体工程施工有以下四个特点:

(1)高处作业多。主体工程绝大部分为地面以上施工,因而高处作业也占绝大多数。

(2)交叉作业多。由于工程工期、均衡生产和其他客观因素的要求,多工种立体交叉作业无法避免,尤其在高层建筑施工中,交叉作业更是难以避免。

(3)夜间施工多。工程结构类型以钢筋混凝土居多,混凝土的浇筑又要求尽可能连续地进行,这样就造成在大面积浇筑混凝土时要昼夜不停地连续施工,所以夜间施工无法避免。此外,由于工期的影响,也常常加班加点,这就造成夜间施工大大增加。

(4)使用的设备多。主体工程的施工几乎汇集了建筑施工的主要设备,如起重机械、钢筋加工、运输车辆、振捣器、磨石机、木工机械和手持式电动工具等。所以,主体工程施工存在更多的危险性,对安全管理提出了更高的要求。

3.2.2　主体工程施工危险性分析

在主体结构工程施工过程中,发生概率最大的是高处坠落事故,其次是物体打击、坍塌、触电、起重伤害、机械伤害等。

(1)高处坠落

高处坠落是主体结构施工中最多发的事故类型,往往由以下因素造成:

①脚手架搭设不符合要求,导致坠落。

②楼梯口、电梯口(包括垃圾口)、预留口、通道口(简称"四口")防护不严,导致坠落。

③安全帽与安全带未正确佩戴、安全网防护不到位,或材质不合格导致坠落。

④阳台周边、屋面周边、框架楼层周边、跑道(斜道)两侧边、卸料台的外侧边(简称"五临边")等未安装栏杆等防护设施,导致坠落。

⑤顶棚和轻型屋面施工发生踩塌坠落。

⑥梯子制作或使用不当导致坠落。

⑦夜间施工现场无足够的照明,导致坠落。

⑧站在不稳定部件进行拆除工作,导致失稳坠落。

(2)物体打击

物体打击往往由以下因素造成:

①建筑物的出入口、通道口、预留洞口和上料口上部没有防护或防护不符合要求。

②作业面上杂物过多,未能及时清理而掉落。

③安全帽未佩戴、未正确佩戴或材质不合格,不能有效保护头部而发生伤害。

④土方作业中施工现场没有设置专人指挥;

⑤拆除作业中,作业人员没有设置防护措施情况下进行拆除施工;

⑥起重作业中,挂钩人员工作不认真、麻痹大意,吊物没有捆扎牢固、吊点选择不正确。

(3)坍塌

坍塌往往由以下因素造成:

①立杆基础不稳固,造成搭设或使用中的脚手架发生整体或局部倒塌。

②模板支撑系统达不到承受荷载的要求,或堆料超出模板支撑系统的承受能力所引起的模板系统坍塌。

③建筑结构设计错误,或未按图施工,以及违反施工规范的安全和质量要求,造成建筑结构的坍塌。

(4)触电

触电往往由以下因素造成:

①在高压线旁施工无相应的安全隔离措施;

②机械设备未按规定做好"三级配电二级保护",并未经验收即投入;

③非电工违章作业。

(5)起重伤害

在建筑构件吊装和材料运输过程中,由于指挥、操作不当或吊物绑扎错误,或者起重机械设备缺陷等也易引发各种伤害事故。

(6)机械伤害

由于施工中使用的机械设备较多,易造成机械伤害的危险,如搅拌机搅伤、夹伤、切割机伤人等。

3.2.3　高处坠落事故预防

1)高处作业的基本安全要求

(1)施工单位应为从事高处作业的人员提供合格的安全帽、安全带、防滑鞋等必备的个人安全防护用具、用品。从事高处作业的人员应按规定正确佩戴和使用。

(2)在进行高处作业前,应认真检查所使用的安全设施是否安全可靠,脚手架、平台、梯子、防护栏杆、挡脚板、安全网等设置应符合安全技术标准要求。

（3）高处作业危险部位应悬挂安全警示标牌。夜间施工时，应保证足够的照明并在危险部位设红灯示警。

（4）从事高处作业的人员不得攀爬脚手架或栏杆上下，所使用的工具、材料等严禁投掷。

（5）因作业需要临时拆除或变动安全防护设施时，必须经施工负责人同意，并采取相应的可靠措施，作业后应立即恢复。

（6）高处作业，上下应设联系信号或通信装置，并指定专人负责联络。

（7）在雨雪天从事高处作业，应采取防滑措施。在六级及六级以上强风和雷电、暴雨、大雾等恶劣气候条件下，不得进行露天高处作业。

2）预防高处作业事故的技术防护措施

总结为："三宝四口五临边，架子把好十道关，屋面顶棚有措施，梯子必须牢又坚"。具体措施如下：

（1）"三宝"防护措施

①进入施工现场的人员必须正确佩戴安全帽，衣着要灵便，应穿软底鞋，禁止赤脚或穿拖鞋、凉鞋、硬底鞋、高跟鞋和带钉易滑的鞋作业。

②凡在2m以上的悬空高处作业，必须系好安全带，安全带要高挂低用，系到牢固的物体上。

③高处作业点的下方必须设安全网。采用平网防护时，严禁使用密目式安全立网代替平网使用。用于电梯井、钢结构和框架结构及建（构）筑物封闭防护的平网，每个系带上的边绳应与支撑架靠紧，系绳沿网边应均匀分布，间距不得大于750mm；电梯井内平网网体与井壁的空隙不得大于25mm，安全网拉结应牢固。

（2）"四口"防护措施

①楼梯口的安全防护（图3-5）。楼梯口必须设置安全围栏，安全围栏由上下两道构成，上道栏杆高度1.2米，中间栏杆高度0.6米，底部设置18cm高的挡脚板，围栏刷红白相间油漆，挡脚板刷黄黑相间油漆栏杆必须牢固、齐全、美观，并悬挂相应警示牌。

②电梯口的安全防护。电梯口的安全防护分两个方面，一是电梯井口的立面防护；二是电梯井内的水平防护（图3-6）。电梯井口必须设防护栏杆或固定栅门，电梯井口防护用直径12mm钢筋，根据电梯井口的尺寸焊接单扇或双扇门，高度不应小于1.5m，焊接在墙板的钢筋上。一般一次性焊接固定为好，不宜做活门，目的是防止门被打开后，无人及时关闭，实际上起不到防护作用。电梯井道内应每隔2层且不大于10m加设一道安全平网。电梯井内的施工层上部，应设置隔离防护设施（图3-7）。

③预留口的安全防护预留口的尺寸大小不一，形状各异，洞口根据具体情况采取设防护栏杆、加盖件、张挂安全网与装栅门等措施如下。防护办法如下：

图3-5 楼梯口安全防护图

a. 当竖向洞口短边边长小于50cm时,应采取封堵措施;当垂直洞口短边边长大于或等于50cm时,应在临空一侧设置高度不小于1.2m的防护栏杆,并应采用密目式安全立网或工具式栏板封闭,设置挡脚板。

b. 当非竖向洞口短边边长为2.5~50cm时,应采用承载力满足使用要求的盖板覆盖,盖板四周搁置应均衡,且应防止盖板移位。

c. 当非竖向洞口短边边长为50~150cm时,必须设置以扣件扣接钢管而成的网格,并在其上满铺脚手板。也可采用贯穿于混凝土板内的钢筋构成防护网,钢筋网格间距不得大于20cm。

d. 当非竖向洞口短边边长大于等于150cm时,应在洞口作业侧设置高度不小于1.2m的防护栏杆,洞口下张设安全平网(图3-8)。

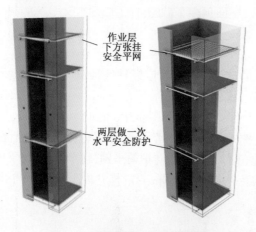

图 3-6　电梯道水平防护示意图

图 3-7　电梯井口立面防护图

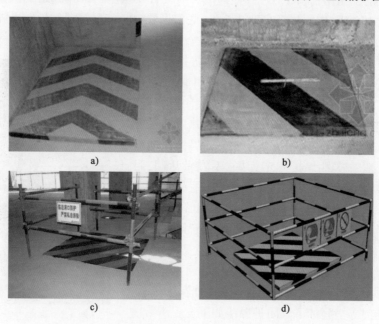

a)

b)

c)

d)

图　3-8

e)

图 3-8 水平洞口安全防护图

④通道口的安全防护(图 3-9)

a. 应设单层或双层防护棚,并符合规范要求。

b. 通道口侧边设防护栏杆。

c. 不经常使用的通道口,应予封闭,避免人员随意出入。

(3)"临边"防护措施

①对临边高处作业,必须设置防护措施,并符合下列规定:

a. 基坑周边,尚未安装栏杆或栏板的阳台、料台与挑平台周边,雨篷与挑檐边,无外脚手的屋面与楼层周边及水箱与水塔周边等处,都必须设置防护栏杆,并应采用密目式安全网或工具式栏板封闭。

b. 头层墙高度超过 3.2m 的二层楼面周边,以及无外脚手架的高度超过 3.2m 的楼层周边,必须在外围架设安全平网一道。

c. 分层施工的楼梯口和梯段边,必须安装临时护栏。顶层楼梯口应随工程结构进度安装正式防护栏杆。

图 3-9 通道口安全防护图

d. 井架与施工用电梯和脚手架等与建筑物通道的两侧边,必须设防护栏杆。地面通道上部应装设安全防护棚。双笼井架通道中间,应予分隔封闭。

e. 各种垂直运输接料平台,除两侧设防护栏杆外,平台口还应设置安全门或活动防护栏杆。

②临边防护栏杆杆件(图 3-10)的规格及连接要求,应符合下列规定:

a. 钢筋横杆上杆直径不应小于 16mm,下杆直径不应小于 14mm,栏杆柱直径不应小于 18mm,采用电焊或镀锌钢丝绑扎固定。

b. 钢管横杆及栏杆柱均采用 $\phi 48 \times (2.75 \sim 3.6)$mm 的管材,以扣件或电焊固定。

c. 以其他钢材如角钢等作防护栏杆杆件时,应选用强度相当规格的钢材,以电焊固定。

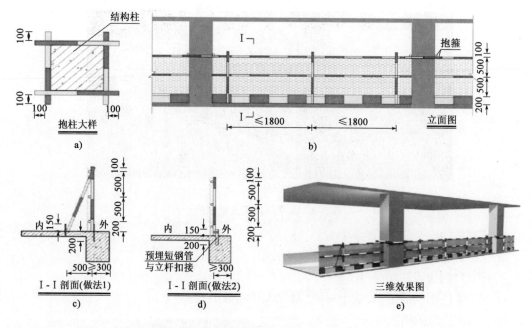

图 3-10　楼层临边防护示意图(尺寸单位:mm)

（4）屋面顶棚和轻屋面的防坠落措施

①在顶棚和轻型屋面(石棉瓦、玻纤瓦等)上操作、行走前,必须在上面搭上垫板,使重力传递于永久性可靠结构上,在下方满搭安全平网,以防上部作业者坠落。

②在坡屋面上施工时,必须按屋面坡度设计履带式踏板梯,梯子材质要符合要求,并且固定牢靠。

（5）正确选择和使用梯子(可以简称为:"梯子必须牢又坚")

①梯子要坚固,高度应满足作业需要。

②使用单梯时梯子踏步高度宜为 30cm,梯子与水平面成 75°夹角。

③梯子至少应伸出平台上或作业人员可能站立的最高踏步上 1m。

④脚底要有防滑措施。顶端捆扎牢固或设专人扶梯,人字梯应拴好下端的挂索。

⑤梯子只允许一人上下通行。攀爬梯子时,手中不得携带工具或物料,登梯前鞋底要弄干净。

（6）交叉作业安全控制要点

①交叉作业人员不允许在同一垂直方向上操作,要做到上部与下部作业人员的位置错开,使下部作业人员的位置处在上部落物的可能坠落半径范围以外,当不能满足要求时,应设置安全隔离层进行防护。

②在拆除模板、脚手架等作业时,作业点下方不得有其他作业人员,防止落物伤人。拆下的模板等堆放时,不能过于靠近楼层边沿,应与楼层边沿留出不小于 1m 的安全距离,码放高度也不得超过 1m。

③结构施工自二层起,凡人员进出的通道口都应搭设符合规范要求的防护棚。

④对不搭设脚手架和设置安全防护棚时的交叉作业,应设置安全防护网,当在多层、高

层建筑外立面施工时,应在二层及每隔四层设一道固定的安全防护网,同时设一道随施工高度提升的安全防护网。

⑤当安全防护棚为非机动车辆通行时,棚底至地面高度不应小于3m;当安全防护棚为机动车辆通行时,高度不应小于4m;当建筑物高度大于24m并采用木质板搭设时,应搭设双层安全防护棚,两层防护的间距不应小于700mm;当安全防护棚的顶棚采用竹笆或木质板搭设时,应采用双层搭设,间距不应小于700mm;当采用木质板或与其等强度的其他材料搭设时,可采用单层搭设,木板厚度不应小于50mm。

(7)操作平台作业安全控制要点

①操作平台的临边应设置防护中栏杆,单独设置的操作平台应设置供人上下的扶梯。踏步间距不大于40cm的扶梯。

②应在操作平台明显位置标明允许荷载值的限载牌及限定允许的作业人数,物料应及时转运不得超重、超高堆放。

③操作平台使用中应每月不少于1次定期检查,应由专人进行日常维护工作,及时消除安全隐患。

(8)攀爬与悬空作业安全控制要点

①攀爬作业使用的梯子、高凳、脚手架和结构上的登高梯道等工具和设施,在使用前应进行全面的检查,符合安全要求的方可使用。

②现场作业人员应在规定的通道内行走,不允许在阳台间或非正规通道处进行登高、跨越,不允许在起重机臂架、脚手架杆件或其他施工设备上进行上下攀爬。

③对在高空需要固定、联结、施焊的工作,应预先搭设操作架或操作平台,作业时采取必要的安全防护措施。

④在高空安装管道时,管道上不允许人员站立和行走。

⑤在绑扎钢筋及钢筋骨架安装作业时,施工人员不允许站在钢筋骨架上作业和沿骨架上下攀爬。

⑥在进行框架、过梁、雨篷、小平台混凝土浇筑作业时,施工人员不允许站在模板上或模板支撑杆上操作。

习　　题

(一)填空题

1.凡在(　　)m以上的悬空高处作业,必须系好安全带,安全带要(　　　),系到牢固的物体上。

2.高处作业点的下方必须设安全网,当在多层、高层建筑外立面施工时,应在二层及每隔(　　)层设一道固定的安全防护网,同时设一道随施工高度提升的安全防护网。

(二)选择题

1.从施工安全角度考虑主体工程施工中有(　　)特点。

    A.高处作业多　　　　B.交叉作业多　　　　C.夜间施工多　　　　D.使用设备多

2. 主体工程施工阶段容易发生的伤害事故有(　　　)。

    A. 高处坠落　　　　　　B. 物体打击　　　　　　C. 坍塌　　　　　　D. 触电

    E. 机械伤害

(三)判断题

1. 电梯井口必须设防护栏杆或固定栅门,电梯井道内应每隔2层且不大于10m加设一道安全平网。电梯井内的施工层上部,应设置隔离防护设施。　　　　　　　(　　　)

2. 当竖向洞口短边边长小于50cm时,应采取封堵措施;当垂直洞口短边边长大于或等于50cm时,应在临空一侧设置高度不小于1.2m的防护栏杆。　　　　　　　(　　　)

3. 当非竖向洞口短边边长为2.5~50cm时,应采用承载力满足使用要求的盖板覆盖。

    　　　　　　　　　　　　　　　　　　　　　　　　　　　　　　　(　　　)

4. 当非竖向洞口短边边长为50~150cm时,必须设置以扣件扣接钢管而成的网格,并在其上满铺竹笆或脚手板。　　　　　　　　　　　　　　　　　　　　　(　　　)

5. 当非竖向洞口短边边长大于等于150cm时,应在洞口作业侧设置高度不小于1.2m的防护栏杆,洞口下张设安全平网。　　　　　　　　　　　　　　　　(　　　)

6. 在进行框架、过梁、雨篷、小平台混凝土浇筑作业时,施工人员允许站在模板上或模板支撑杆上操作。　　　　　　　　　　　　　　　　　　　　　　　　(　　　)

7. 在高空安装管道时,管道上允许人员站立和行走。　　　　　　　　　　(　　　)

8. 对在高空需要固定、联结、施焊的工作,应预先搭设操作架或操作平台,作业时采取必要的安全防护措施。　　　　　　　　　　　　　　　　　　　　　　　(　　　)

9. 现场作业人员应在规定的通道内行走,不允许在阳台间或非正规通道处进行登高、跨越。　　　　　　　　　　　　　　　　　　　　　　　　　　　　　(　　　)

10. 允许在起重机臂架、脚手架杆件或其他施工设备上进行上下攀爬。　　(　　　)

3.3 脚 手 架

3.3.1 脚手架工程

脚手架由杆件或结构单元、配件通过可靠连接而组成,能承受相应荷载,具有安全防护功能,为建筑施工提供作业条件的结构架体包括作业脚手架和支撑脚手架。在主体结构施工、装修施工和设备管道的安装中,都需要搭设脚手架(图3-11)。

1) 脚手架的分类

(1)脚手架按材质可分为钢管脚手架、竹脚手架、木脚手架。

(2)脚手架按照搭设形式可分为扣件式钢管脚手架、工具式脚手架(吊篮、附着式升降脚手架、挂脚手架等)、门式脚手架、承插型盘扣式脚手架等。

(3)脚手架按立杆排数可分为单排脚手架、双排脚手架、满堂脚手架、满堂支撑脚手架。

（4）脚手架按封闭程度可分为开口型脚手架、一字型脚手架、封圈型脚手架等。

2）脚手架的使用

脚手架搭拆频繁，为使脚手架在整个施工过程中处于完好状态，不发生倒塌事故，必须正确使用和经常维护。

（1）脚手架搭设完需经过专业人员的验收，合格后方可投入使用。

（2）脚手架上堆放的材料必须整齐、平稳，不能过载。

图 3-11　悬挑脚手架图

（3）不得在脚手架上使用梯子或其他类似的工具来增加高度，不得随意锯断脚手杆来缩短宽度；不准随意拆除各种杆件做他用，也不准解开脚手架的绑扣做他用。

（4）不准在脚手架上用气、电焊割焊构件，也不准直接在脚手架上钻孔以及利用脚手架做电焊二次接地线。

（5）上下脚手架时应从规定的扶梯或斜道上下，不准利用脚手架或绳索上下攀爬；不准在脚手架上跑、跳或从高处往脚手架上投扔物体。

（6）雪后作业时，要将脚手板上和爬梯蹬上的冰雪处理干净，必要时要在脚手板上垫上防滑物。

3.3.2　脚手架工程危险性分析

脚手架工程属于危险性较大分部分项工程，应重点应落实好预防脚手架坍塌、防电防雷击、预防人员坠落的措施。脚手架搭设、拆除变化较大，如果搭设质量不好，有可能发生坍塌，造成人身伤害事故，重点做好坍塌事故预防。

坍塌事故的主要原因如下：

（1）落地式脚手架基础处理不当，发生不均匀沉降。

（2）用料选材不符合规范，不合格扣件及钢管如图 3-12 所示。

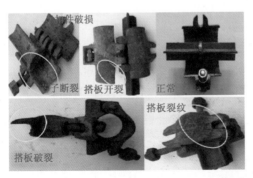
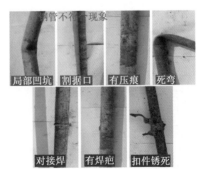

图 3-12　不合格扣件及钢管

（3）脚手架与永久结构拉结不牢。

（4）脚手架未按规定搭设剪刀撑、抛撑，或搭设但不符合规范要求。

（5）拆架操作不符合安全规定导致坍塌。

3.3.3 脚手架工程的事故预防

1）脚手架的安全管理

（1）脚手架搭、拆作业人员应无妨碍所从事工作的生理缺陷和禁忌病。脚手架安装与拆除人员必须是经考核合格的专业架子工，架子工应持证上岗。

（2）搭拆脚手架人员必须戴安全帽、系安全带、穿防滑鞋，递杆、撑杆作业人员应密切配合。

（3）脚手架的构配件质量与搭设质量，应按规定进行检查验收，并在确认合格后使用。

（4）钢管上严禁打孔。

（5）作业层上的施工荷载应符合设计要求，不得超载；不得将模板支架、缆风绳、泵送混凝土和砂浆的输送管等固定在架体上；严禁悬挂起重设备，严禁拆除或移动架体上安全防护设施。

（6）满堂支撑架在使用过程中，应设有专人监护施工，当出现异常情况时，应立即停止施工，并应迅速撤离作业面上人员。应在采取确保安全的措施后，查明原因，做出判断和处理。

（7）满堂支撑架顶部的实际荷载不得超过设计规定。

（8）当有六级强风及以上风、浓雾、雨或雪天气时，应停止脚手架搭设与拆除作业。雨、雪后上架作业应有防滑措施，并应扫除积雪。

（9）夜间不宜进行脚手架搭设与拆除作业。

（10）脚手架应定期进行安全检查与维护。

（11）脚手板应铺设牢靠、严实，并应用安全网进行双层兜底。施工层以下每隔10m应用安全网封闭。

（12）单、双排脚手架、悬挑式脚手架沿墙体外围应用密目式安全网全封闭，密目式安全网宜设置在脚手架外立杆的内侧，并应与架体绑扎牢固。

（13）在脚手架使用期间，严禁拆除下列杆件：

①主节点处的纵、横向水平杆，纵、横向扫地杆；

②连墙件。

（14）当在脚手架使用过程中开挖脚手架基础下的设备或管沟时，必须对脚手架采取加固措施。

（15）在建筑结构上设置预埋件或拉杆的，预埋件应验收合格后方可浇筑混凝土，并应做好隐蔽工程记录。混凝土必须保证外挂防护架使用的强度。

（16）满堂脚手架与满堂支撑架在安装过程中，应采取防倾覆的临时固定措施。

（17）临街搭设脚手架时，外侧应有防止坠物伤人的防护措施。

（18）在脚手架上进行电、气焊作业时，应办理动火手续并有防火措施和专人看守。

（19）搭拆脚手架时，地面应设围栏和警示标志，并应派专人看守，严禁非操作人员入内。

2）防止脚手架工程事故,重点是"架子把好十道关"。

（1）材质关:严格按规定的质量、规格选择材料。

（2）尺寸关:使用和拆除过程中,为确保作业人员的安必须按规定的间距尺寸搭设立杆、横杆、剪刀撑、栏杆等。

（3）铺板关:架板必须满铺,不得有空隙和探头板、飞跳板,并应经常清除板上杂物,保持清洁、平整。木板的厚度必须在5cm以上,架板铺设后应采取有效固定措施。

（4）连接关:脚手架必须按规定设置剪刀撑和横向斜撑。

（5）承重关:作业人员不准在脚手板上跑、跳、挤。堆料不能过于集中,必须经过计算和试验来确定其承重荷载;如必须超载,应采取加固措施。

（6）挑梁关:悬挑式脚手架,除吊篮按规定加工、设栏杆防护和立网外,挑梁架设要平坦和牢固。

（7）检验与维护关（图3-13）:验收合格后,方可上架作业。建立安全责任制,对脚手架进行准期和不定期的检查和维护。坚持雨、雪、风天之后和停工复工之后的及时做查,对有缺陷的杆、板要及时更换,松动的要及时固定牢,发现问题及时加固确保使用安全。

（8）防雷电关:脚手架大多使用易导电钢制材料,搭设高度往往高于建筑物,易发生雷电击事故,必须采取防雷击措施安装避雷装置。

（9）上下架通道关:要为作业人员上下脚手架设置斜道、阶梯或正式爬梯。不得攀爬脚手架上下,也不准乘坐非乘人的升降设备上下。

（10）防护栏杆关:任何结构形式的脚手架都要搭设防护栏杆。防护栏杆固定在脚手架外侧立杆上,高出脚手板平面1~1.5m,并扎双道栏杆。因作业需要临时拆掉的栏杆,当作业完成时要及时恢复。斜道上必须设1.2m高的栏杆和立网。脚手架作业的同时要设置挡脚板,挡脚板固定在脚手板上面的立杆里侧,高出脚手板平面180mm以上。挡脚板可用脚手板来设置。

a)　　　　　　　　　　　　b)

图3-13 脚手架验收图

3.3.4 典型案例

江苏扬州脚手架坍塌事故(图3-14)

2019年3月21日,扬州一在建项目附着式升降脚手架下降作业时发生坠落,坠落过程中与交联立塔底部的落地式脚手架相撞,造成7人死亡、4人受伤,事故造成直接经济损失约1038万元。

该起事故因违章指挥、违章作业、管理混乱引起,交叉作业导致事故后果扩大。事故等级为"较大事故",事故性质为"生产安全责任事故"。

3月21日上午,13时10分左右,爬架(架体高约22.5m,长约19m,重约20t)发生坠落,架体底部距地面高度约92m。爬架坠落过程中与底部的落地架相撞(落地架顶端离地面约44m),导致部分落地架架体损坏。

事故直接原因:违规采用钢丝绳替代爬架提升支座,人为拆除爬架所有防坠器防倾覆装置,并拔掉同步控制装置信号线,在架体邻近吊点荷载增大,引起局部损坏时,架体失去超载保护和停机功能,产生连锁反应,造成架体整体坠落,是事故发生的直接原因。作业人员违规在下降的架体上作业和在落地架上交叉作业是导致事故后果扩大的直接原因。

图3-14 江苏扬州脚手架坍塌事故

责任追究:检察机关批准逮捕4人,公安机关取保候审2人,事故调查组建议对3人进行刑事责任追究,其中包括架子工班组长带领班组人员违章作业,涉嫌重大责任事故罪。

习 题

(一)填空题

1.脚手架要搭设防护栏杆,防护栏杆固定在脚手架外侧立杆上,高出脚手板平面( ),并扎双道栏杆。

2.脚手板应铺设牢靠、严实,并应用安全网进行双层兜底。施工层以下每隔( )应用安全网封闭。

(二)选择题

1.脚手架坍塌事故的主要原因有( )。

A.落地式脚手架基础处理不当,发生不均匀沉降

B.用料选材不符合规范

C.脚手架与永久结构拉结不牢

D.脚手架未按规定搭设剪刀撑、抛撑

E.拆架操作不符合安全规定导致坍塌

2.搭拆脚手架时,(　　)应设围栏和警示标志,并应派专人看守,严禁非操作人员入内。

 A.地面   B.脚手架上   C.围栏上   D.工地里

(三)判断题

1.夜间进行脚手架搭设与拆除作业是安全的。   (　　)

2.脚手架应定期进行安全检查与维护。   (　　)

3.雪后作业时,要将脚手板上和爬梯蹬上的冰雪处理干净,必要时要在脚手板上垫上防滑物。   (　　)

4.不得在脚手架上使用梯子或其他类似的工具来增加高度。不准随意拆除各种杆件做他用,也不准解开脚手架的绑扣做他用。   (　　)

5.上下脚手架时应从规定的扶梯或斜道上走,不准利用脚手架或绳索上下攀爬;不准在脚手架上跑、跳或从高处往脚手架上投扔物体。   (　　)

6.脚手架工程属于危险性较大分部分项工程。   (　　)

7.当有六级强风及以上风、浓雾、雨或雪天气时,应停止脚手架搭设与拆除作业。   (　　)

8.架板必须满铺,不得有空隙和探头板、飞跳板,并经常清除板上杂物,保持清洁、平整。   (　　)

9.要为作业人员上下脚手架设置斜道、阶梯或正式爬梯。不得攀爬脚手架上下,也不准乘坐非乘人的升降设备上下。   (　　)

3.4　模板及支撑体系

3.4.1　认识模板工程

模板工程是混凝土浇筑成形用的模板及其支架的设计、安装、拆除等一系列技术工作的总称。

模板在现浇混凝土结构施工中使用量大、面广,每立方米混凝土工程模板用量高达 $4 \sim 5m^2$,其工程费用占现浇混凝土结构造价的 $30\% \sim 35\%$,劳动用量占 $40\% \sim 50\%$。模板工程在混凝土工程中占有举足轻重的地位,对施工质量、安全和工程成本有着重要的影响。

模板系统由模板和支撑两部分组成(图3-15)。模板是指与混凝土直接接触,使新浇筑混凝土成形,并使硬化后的混凝土具有设计所要求的形状和尺寸。支撑是保证模板形状、尺寸及其空间位置的支撑体系,它既要保证模板形状、尺寸和空间位置正确,又要承受模板传来的全部荷载。模板质量的好坏,直接影响到混凝土成形的质量;支架系统的好坏,直接影响到施工的安全。

图 3-15　模板系统图

（1）按材料分类

模板按所用的材料不同，分为木模板、胶合板模板、竹胶板模板、钢模板、钢框木胶模板、塑料模板、玻璃钢模板、铝合金模板等。

（2）按结构类型分类

各种现浇混凝土结构构件，由于其形状、尺寸、构造不同，模板的构造及组装方法也不同。模板按结构的类型不同，分为基础模板、柱模板、梁模板、楼板模板、墙模板、壳模板、烟囱模板、桥梁墩台模板等。

3.4.2　模板工程危险性分析

模板工程属于危险性较大分部分项工程，应重点应落实好预防模板坍塌、防电防雷击、预防人员坠落的措施，模板搭设、拆除变化较大，如果搭设质量不好，有可能发生坍塌，造成人身伤害事故，应重点做好坍塌事故预防。

3.4.3　模板工程事故预防

1）模板系统的安装与拆除安全管理

（1）从事模板作业的人员，应经常组织安全技术培训。从事高处作业人员，应定期体检，不符合要求的不得从事高处作业。

（2）安装和拆除模板时，操作人员应佩戴安全帽、系安全带、穿防滑鞋。安全帽和安全带应定期检查，不合格者严禁使用。

（3）模板及配件进场应有出厂合格证或当年的检验报告，安装前应对所用部件（立柱、楞梁、吊环、扣件等）进行认真检查，不符合要求者不得使用。

（4）模板工程应编制施工设计和安全技术措施，并应严格按施工设计与安全技术措施规定施工。混凝土模板支撑工程支撑高度 5m 及以上，或搭设跨度 10m 及以上，现场施工管理人员向作业人员进行安全技术交底，并由双方和专职安全员共同签字确认，作业人员应对照书面交底进行上下班的自检和互检。

（5）施工过程中应经常对下列项目进行检查：①立柱底部基土回填夯实的状况；②垫木应满足设计要求；③底座位置应正确，顶托螺杆伸出长度应符合规定；④立杆的规格尺寸和垂直度应符合要求，不得出现偏心荷载；⑤扫地杆、水平拉杆、剪刀撑等的设置应符合规定，固定应可靠；⑥安全网和各种安全设施应符合要求。

（6）在高处安装和拆除模板时，周围应设安全网或搭脚手架，并应加设防护栏杆。在临街面及交通要道地区，应设警示牌，并派专人看管。

（7）安装、拆除作业时，模板和配件不得随意堆放，模板应放平放稳，严防滑落。脚手架或操作平台上临时堆放的模板不宜超过 3 层，连接件应放在箱盒或工具袋中，不得散放在脚手板上。

（8）对负荷面积大、高度在 4m 以上的支架立柱采用扣件式钢管、门式和碗扣式钢管脚手架时,除应有合格证外,对所用扣件应用扭矩扳手进行抽检,达到合格后方可承力使用。

(9)多人共同操作或扛抬组合钢模板时,必须密切配合、协调一致、互相呼应。

(10)模板安装时,上下应有人接应,随装随运,严禁抛掷。不得将模板支搭在门窗框上,也不得将脚手板支搭在模板上,严禁将模板与上料井架及有车辆运行的脚手架或操作平台支成一体。

(11)支模过程中如遇中途停歇,应将已就位模板或支架连接稳固,不得浮搁或悬空。拆模中途停歇时,应将已松扣或已拆松的模板、支架等拆下运走,防止构件坠落或作业人员扶空坠落伤人。

(12)严禁人员攀爬模板、斜撑杆、拉条或绳索等,也不得在高处的墙顶、独立梁或在其模板上行走。

(13)模板施工中应设专人负责安全检查,发现问题应报告有关人员处理。当遇险情时,应立即停工和采取应急措施,待修复或排除险情后,方可继续施工。

(14)寒冷地区冬期施工用钢模板时,不宜采用电热法加热混凝土,否则应采取防触电措施。

(15)在大风地区或大风季节施工时,模板应有抗风的临时加固措施。

(16)当钢模板高度超过15m时,应安设避雷设施,避雷设施的接地电阻不得大于4Ω。

(17)大模板拆除需要使用塔吊配合作业时,必须在塔吊吊钩挂好后才可以拆除模板临时加固装置。起吊前,必须确认模板所有螺栓和支撑系统已经拆除完毕,且模板与混凝土已经完全脱离。

2)拆模顺序与注意事项

(1)拆模的顺序和方法应按模板的设计规定进行。当设计无规定时,可采取先支的后拆、后支的先拆、先拆非承重模板、后拆承重模板,并应从上而下进行拆除。拆下的模板不得抛扔,应按指定地点堆放。

(2)拆除跨度较大的梁下支柱时,应先从跨中开始,对称拆向两端。

(3)多层楼板模板支柱在拆除下一层楼板的支柱时,应保证本层的永久性梁板结构能足够承担上层所传递来的荷载,否则应推迟拆除时间。

(4)拆除梁、板模板应遵守下列规定:①梁、板模板应先拆梁侧模,再拆板底模,最后拆除梁底模,并应分段分片进行,严禁成片撬落或成片拉拆;②拆除时,作业人员应站在安全的地方进行操作,严禁站在已拆或松动的模板上进行拆除作业;③拆除模板时,严禁用铁棍或铁锤乱砸,已拆下的模板应妥善传递或吊放至地面;④严禁作业人员站在悬臂结构边缘敲拆下面的底模;⑤待分片、分段的模板全部拆除后,再允许将模板、支架、零配件等按指定地点运出堆放,并进行拔钉、清理、整修、刷防锈油或脱模剂,入库备用。

(5)支架立柱拆除:①当拆除钢楞、木楞、钢桁架时,应在其下面临时搭设防护支架,使所拆楞梁及桁架先落于临时防护支架上;②当立柱的水平拉杆超出2层时,应首先拆除2层以上的拉杆,当拆除最后一道水平拉杆时,应和拆除立柱同时进行;③当拆除4~8m跨度的梁下立柱时,应先从跨中开始,对称地分别向两端拆除,拆除时,严禁采用连梁底板向旁侧一片拉倒的拆除方法;④对于多层楼板模板的立柱,当上层及以上楼板正在浇筑混凝土时,下层楼板立柱的拆除,应根据下层楼板结构混凝土强度的实际情况,经过计算确定;⑤拆除平台、楼板下的立柱时,作业人员应站在安全处拉拆。

3.4.4 典型案例

2019年1月25日,东阳市一在建工地在进行三楼屋面构架混凝土浇筑施工时突然发生模板坍塌,事故共造成5人死亡,5人受伤。

(1)经调查认定,该起事故为较大生产安全责任事故。

(2)事故直接原因:模板支撑体系没有按照方案施工,支模架架体立杆横向间距为500mm,纵向间距为1200mm,支模架高度为4200mm,搭设参数没有经过设计计算,搭设构造不符合相关标准的规定,支模架高宽比为8:2,超过规定的允许值,且没有采取扩大下部架体尺寸或其他有效的构造等措施,导致模板支撑体系承载力和抗倾覆能力严重不足,在混凝土浇筑荷载作用下模板支架整体失稳倾覆破坏。

(3)事故间接原因:

①建设单位、施工单位压缩合同工期。

②项目部主要关键岗位人员未到岗履职,特种作业人员无证上岗,模板钢管扣件支撑作业人员未取得架子工上岗证。施工项目部未认真组织编制支模架专项方案,未能辨识出屋面构架属超一定规模危险性较大分部分项工程,未按照要求编制专项方案、组织专家论证,施工技术负责人未能认真审查专项施工方案。对监督机构及监理单位下达的安全隐患整改要求未认真组织整改,在未按规定完成整改情况下擅自施工。

(4)责任追究:事故调查组建议对6人进行刑事责任追究,其中包括支模架搭设负责人,在搭建支模架过程中未按行业要求进行作业,涉嫌重大劳动安全事故罪被公安机关刑事拘留。

习　题

(一)填空题

模板系统由(　　)和(　　)两部分组成。

(二)选择题

模板工程施工过程中应经常检查(　　)。

A.立柱底部基土回填夯实的状况

B.垫木应满足设计要求

C.底座位置应正确,顶托螺杆伸出长度应符合规定

D.立杆的规格尺寸和垂直度应符合要求不得出现偏心荷载

E.扫地杆、水平拉杆、剪刀撑等的设置应符合规定

F.安全网和各种安全设施应符合要求

(三)判断题

1.模板工程属于危险性较大分部分项工程,应重点应落实好预防模板坍塌、防电防雷击、预防人员坠落的措施。　　　　　　　　　　　　　　　　　　　　　(　)

2.在安装、拆除作业前,工程技术人员应以书面形式向作业班组进行施工操作的安全技术交底,作业班组应对照书面交底进行上下班的自检和互检。　　　　　(　)

3.安装和拆除模板时,操作人员应佩戴安全帽、系安全带、穿防滑鞋。　(　)

4.在高处安装和拆除模板时,周围应设安全网或搭脚手架,并应加设防护栏杆。(　)

5.模板安装时,上下应有人接应,随装随运,严禁抛掷。且不得将模板支搭在门窗框上,也不得将脚手板支搭在模板上,并严禁将模板与上料井架及有车辆运行的脚手架或操作平台支成一体。　　　　　　　　　　　　　　　　　　　　(　)

6.拆模的顺序和方法应按模板的设计规定进行。当设计无规定时,可采取先支的后拆、后支的先拆、先拆非承重模板、后拆承重模板,并应从上而下进行拆除。　(　)

7.梁、板模板应先拆梁侧模,再拆板底模,最后拆除梁底模,并应分段分片进行,严禁成片撬落或成片拉拆。　　　　　　　　　　　　　　　　　　　(　)

8.模板拆除时,作业人员应站在安全的地方进行操作,严禁站在已拆或松动的模板上进行拆除作业,严禁作业人员站在悬臂结构边缘敲拆下面的底模。　　　(　)

9.拆除模板时,严禁用铁棍或铁锤乱砸,已拆下的模板应妥善传递或吊放至地面。
　　　　　　　　　　　　　　　　　　　　　　　　　　　　　　　　(　)

10.模板施工中应设专人负责安全检查,发现问题应报告有关人员处理。当遇险情时,应立即停工和采取应急措施,待修复或排除险情后,方可继续施工。　　　(　)

3.5　临时用电

3.5.1　临时用电

临时用电是指施工现场在施工过程中,由于使用电动设备和照明等进行的线路敷设、电气安装以及对电气设备及线路的使用、维护等工作,也是建筑施工过程的用电工程或用电系统的简称。因为在建筑施工过程中使用,使用完成后便拆除,期限短暂,往往被忽视,触电是比较多发的伤害事故。施工过程中应严格按照《施工现场临时用电安全技术规范》(JGI 46—2005)等有关技术规范标准做好防护措施,消除事故隐患,保障用电安全。

3.5.2　临时用电工程危险性分析

施工现场临时用电易引发触电事故和消防火灾事故。
建筑施工类触电事故产生的主要原因:

图3-16　建筑机械设备漏电事故图

（1）施工人员触碰电线或电缆线。

（2）建筑机械设备漏电（图3-16）。

（3）高压防护不当而造成触电。

（4）违章在高压线下施工或在高压线下施工时不遵守操作规程，使金属构件物接触高压线路而造成触电。

（5）施工供电线路架设不符合安装规程，可能使人碰到导线或由跨步电压造成触电。

（6）在维护检修时，不严格遵守电工操作规程，带电作业，或麻痹大意，造成事故。

（7）由于电气设备损坏或不符合规格，未定期检修，以至绝缘老化、破损而漏电，酿成事故。

（8）机械设备和电动设施维修保养不善，安全管理检查措施不力，电线、电缆由于破口、断头或者绝缘失效等隐患，造成漏电触电事故。

3.5.3　触电事故防范措施

（1）加强安全用电管理，特别是施工现场临时用电，必须严格按照《施工现场临时用电安全技术规范》（JGJ 46—2005）执行。

（2）每个施工现场至少配备2名专业电工，并经相关部门培训合格，持证上岗。现场所有用电设施、线路必须由电工安装检修，其他任何人不得进行电力作业。

（3）施工现场临时用电必须采取"TN-S接零保护系统"，并符合"三级配电、二级保护"（图3-17）。

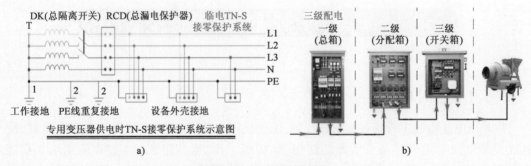

图3-17　"三级配电"图

（4）在高低压线路下方进行施工作业时，必须保证安全距离，并由专人负责指挥；当安全距离不足时，应采取停电或其他可靠的防范措施。

（5）施工现场电缆不允许沿地明敷，应采取架空或埋地，线路过道必须穿护套管；线路架空时，严禁使用金属裸线捆绑或架设在金属构件或树木上；线路埋地时，应在地上设置安全警示牌，标识出线路走向，脚手架上的电缆架空防护图、地下电缆标识如图3-18和图3-19所示。

图 3-18　脚手架上的电缆架空防护图　　　　图 3-19　地下电缆标识

（6）架空线路下方不得建造临时建筑设施，不得堆放构件、材料等物品。

（7）施工现场生产、办公、生活等区域严禁使用碘钨灯照明，应采用节能灯。

（8）施工现场的临时用电电力系统严禁利用大地做相线或零线。

（9）保护零线上严禁装设开关或熔断器，严禁通过工作电流，严禁断线。

（10）在潮湿、有限空间应使用安全电压。

（11）配电箱（开关箱）安全措施：

①配电箱（开关箱）有门、有锁、有防雨措施，应装设端正、牢固，并与地面保持一定的安全距离（图 3-20）；

②所有配电箱（开关箱）应每天检查一次，检修人员必须是专业电工，检修时必须按规定穿戴绝缘鞋、手套，使用电工绝缘工具；

③并将其前一级相应的电源隔离开关分闸断电，悬挂"禁止合闸、有人工作"停电警示牌并上锁，严禁带电作业（图 3-21）；

图 3-20　配电箱图　　　　　　　　图 3-21　一级配电室和二级配电防护棚

④配电箱(开关箱)不得使用木质材料,其进、出线口应设在箱体的下底面,严禁设在箱体的上顶面、侧面、后面后门处。移动式配电箱的进、出线必须采用橡胶套绝缘电缆;

⑤配电装置的金属箱体、框架及靠近带电部分的金属围栏和金属门必须做保护接零;

(12)防止用电设备触电的措施:

①每台用电设备应符合"四个一",即"一机一箱一闸一漏"制。

②在 TN 系统中,用电设备不允许一部分保护接零,一部分保护接地;严禁将单独敷设的工作零线再做重复接地。

③用电设备现场周围不得存放易燃易爆物、污染源和腐蚀介质,同时还应避免物体打击和机械损伤。

④暂时停用的设备开关箱必须分断电源隔离开关,并应关门上锁。

⑤配电设施与用电设备之间要保持安全用电距离(图 3-22)。

⑥在 TN 系统中,下列电气设备不带电的外露可导电部分应做保护接零:

a. 电机、电器、照明器具、手持式电动工具等金属外壳。

b. 电气设备传动装置的金属部件。

c. 配电柜与控制柜的金属框架。

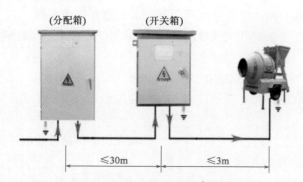

图 3-22　配电设施与用电设备安全距离图

(13)防低压触电措施:

①低压电气设备都必须有良好的保护接地。

②危险性较大的地方(如潮湿环境、容器、有限空间内等)使用手持电动工具和照明,应使用安全电压。

③低压电气工具、用具应定期检验,使用前应进行检查,有条件的场所应加装触电保护器。

④加强临时用电管理,不准私拉乱接,临时工作电源线绝缘应良好,一般不准有接头。

(14)防高压触电措施:

①施工现场机动车道与外电线路交叉时,车道与线路之间应保持足够的安全距离,不能满足时,应采取有效的防范措施。

②在高压线路下方进行起重吊装、土方开挖作业时,起臂杆、吊物、钢丝绳等与高压线路应保持安全距离,不能满足时,应采取有效的防范措施,同时现场必须由专人负责指挥。

③当机械设备发生触电时,应立即停止作业,人员应保持镇静,不得慌乱中触及设备金

属体,通知有关人员及部门采取停电措施,在确保安全时方可逃离设备。

④当发生高压线路断线落地后,非检修人员在室内要远离落点4m以外,在室外要远离落点8m以外,以防跨步电压伤害。

(15)防雷电措施:

①装设避雷针以防止直接雷击。

②安装防雷羊角间隙。

③安装避雷器。

④定期对避雷装置进行检测,确保避雷设施性能完好、可靠。

⑤为了避免由雷电所引起的静电感应造成火花放电,必须将保护的金属部分可靠的接地(电线和设备的导电部分除外)。

⑥遇到雷雨时,人员应尽快地进入室内避雨,迅速关好门窗,脱掉淋湿的衣服;远离门窗、电线、电子设备系统和易导电的物体。

⑦在外遇到强雷雨时,不要与许多人拥挤在一起,应分别选择最低处,身体下蹲尽可能缩小自己的目标;不要走近电线杆、高塔、大树等物体,特别要注意在衣服被淋湿后,不要靠近墙根及避雷针的接地装置,不要骑自行车等。

⑧打雷时应立即停止露天高处作业,禁止在室外拨打手机。

习　　题

(一)填空题

1.临时用电易引发(　　　)事故和(　　　)事故。

2.现场所有用电设施、线路必须由(　　　　)安装检修,其他任何人不得进行电力作业。

(二)选择题

触电事故产生的主要原因:(　　　)。

A.人员触碰电线　　　　　　　　　　B.机械设备漏电

C.高压防护不当　　　　　　　　　　D.金属构件物接触高压线路

E.带电作业　　　　　　　　　　　　F.电气设备绝缘老化、破损而漏电

(三)判断题

1.在高低压线路下方进行施工作业时,必须保证安全距离,并由专人负责指挥;当安全距离不足时,应采取停电或其他可靠的防范措施。　　　　　　　　　　　　　(　　　)

2.施工现场电缆可以沿地明敷,应采取架空或埋地。　　　　　　　　　　　(　　　)

3.架空线路下方不得建造临时建筑设施,不得堆放构件、材料等物品。　　　(　　　)

4.宿舍内可以使用碘钨灯照明。　　　　　　　　　　　　　　　　　　　　(　　　)

5.暂时停用的设备开关箱必须分断电源隔离开关,并应关门上锁。　　　　　(　　　)

6.施工现场机动车道与外电线路交叉时,车道与线路之间的垂直距离应满足安全需要,不能满足时,应采取有效的防范措施。　　　　　　　　　　　　　　　　　(　　　)

7. 在高压线路下方进行起重吊装、土方开挖作业时,起臂杆、吊物、钢丝绳等与高压线路应保持安全距离,不能满足时,应采取有效的防范措施,同时现场必须由专人负责指挥。

( )

8. 当发生高压线路断线落地后,非检修人员在室内要远离落点 4m 以外,在室外要远离落点 8m 以外,以防跨步电压危害。

( )

9. 低压电气设备可以没有良好的保护接地。

( )

第4章

建筑施工安全生产标准强制条款

4.1 高处作业、消防、文明施工

4.1.1 高处作业安全生产标准强制条款

《建筑施工高处作业安全技术规范》(JGJ 80—2016)规定:坠落高度基准面2m及以上进行临边作业时,应在临空一侧设置防护栏杆,并应采用密目式安全立网或工具式栏板封闭(图4-1)。

图4-1 工具式临边防护栏板

4.2.1 洞口作业时,应采取防坠落措施,并应符合下列规定:

1 当竖向洞口短边边长小于0.5m时,应采取封堵措施;当垂直洞口短边边长大于或等于0.5m时,应在临空一侧设置高度不小于1.2m的防护栏杆,并应采用密目式安全立网或工具式栏板封闭,设置挡脚板。

2 当非竖向洞口短边边长为0.25~0.5m时,应采用承载力满足使用要求的盖板覆盖,盖板四周搁置应均衡,且应防止盖板移位。

3 当非竖向洞口短边边长为0.5~1.5m时,应采用盖板覆盖或防护栏杆等措施,并应固定牢固。

4 当非竖向洞口短边边长大于或等于1.5m时,应在洞口作业侧设置高度不小于1.2m的防护栏杆,洞口应采用安全平网封闭(图4-1)。

5.2.3 严禁在未固定、无防护设施的构件及管道上进行作业或通行。

6.4.1 悬挑式操作平台设置应符合下列规定:

1 操作平台的搁置点、拉结点、支撑点应设置在稳定的主体结构上,且应可靠连接。

2 严禁将操作平台设置在临时设施上。

8.1.2 采用平网防护时,严禁使用密目式安全立网代替平网使用。

4.1.2 消防安全生产标准强制条款

《建设工程施工现场消防安全技术规范》(GB 50720—2011)规定:

3.2.1 易燃易爆危险品库房与在建工程的防火间距不应小于15m,可燃材料堆场及其加工场、固定动火作业场与在建工程的防火间距不应小于10m,其他临时用房、临时设施与在建工程的防火间距不应小于6m。

4.2.1 宿舍、办公用房的防火设计应符合下列规定:1 建筑构件的燃烧性能等级应为A级。当采用金属夹芯板材时,其芯材的燃烧性能等级应为A级。

4.2.2 发电机房、变配电房、厨房操作间、锅炉房、可燃材料库房及易燃易爆危险品库房的防火设计应符合下列规定:

1 建筑构件的燃烧性能等级应为 A 级。

2 层数应为 1 层,建筑面积不应大于 $200m^2$。

3 可燃材料库房单个房间的建筑面积不应超过 $30m^2$,易燃易爆危险品库房单个房间的建筑面积不应超过 $20m^2$。

4 房间内任一点至最近疏散门的距离不应大于 15m,房门的净宽度不应小于 0.8m。房间建筑面积超过 $50m^2$ 时,房门的净宽度不应小于 1.2m。

4.3.3 既有建筑进行扩建、改建施工时,必须明确划分施工区和非施工区。施工区不得营业、使用和居住;非施工区继续营业、使用和居住时,应符合下列规定:

1 施工区和非施工区之间应采用不开设门、窗、洞口的耐火极限不低于 3.0h 的不燃烧体隔墙进行防火分隔。

2 非施工区内的消防设施应完好和有效,疏散通道应保持畅通,并应落实日常值班及消防安全管理制度。消防设施基本要求如下(图 4-2):

a. 施工现场应制定消防管理制度,并成立领导小组。

b. 施工现场应绘制消防平面布置图。生活区、仓库、配电室(箱)、模板制作区等易燃易爆场所必须配置相应的消防器材,并有专人负责。消防器材应定期检查,确保完好有效。

c. 建筑物每层应配备消防设施,高层建筑(30m 及以上)应随层做消防水源管道 D100 立管,设加压泵,留消防水泵口,每层应留有消防水源接口。配备足够灭火器、管具,位置正确、固定可靠。

d. 现场动用明火必须办理审批手续,并有人员监护。

e. 施工现场应制定易燃易爆及有毒物品管理制度,购领、保管、发放、作业等环节应设专人负责,并建立台账。

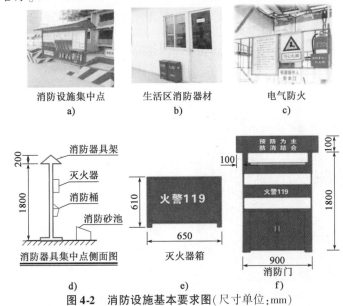

消防设施集中点　　生活区消防器材　　电气防火
a)　　　　　　　b)　　　　　　c)

图 4-2 消防设施基本要求图(尺寸单位:mm)

3 施工区的消防安全应配有专人值守,发生火情应能立即处置。

4 施工单位应向居住和使用者进行消防宣传教育,告知建筑消防设施、疏散通道的位置及使用方法,同时应组织疏散演练。

5 外脚手架搭设不应影响安全疏散、消防车正常通行及灭火救援操作,外脚手架搭设长度不应超过该建筑物外立面周长的1/2。

5.3.5 临时用房的临时室外消防用水量不应小于表4-1的规定。

临时用房的临时室外消防用水量   表4-1

临时用房建筑面积之和	火灾延续时间 (h)	单位时间灭火用水量 (L/s)	每支水枪最小流量 (L/s)
1000m² < 面积 ≤ 5000m²	1	10	5
面积大于5000m²		15	5

5.1.4 施工现场的消火栓泵应采用专用消防配电线路。专用消防配电线路应自施工现场总配电箱的总断路器上端接入,且应保持不间断供电。

6.2.1 用于在建工程的保温、防水、装饰及防腐等材料的燃烧性能等级应符合设计要求。

6.2.3 室内使用油漆及其有机溶剂、乙二胺、冷底子油等易挥发产生易燃气体的物资作业时,应保持良好通风,作业场所严禁明火,并应避免产生静电。

6.3.1 施工现场用火应符合下列规定:

1 焊接、切割、烘烤或加热等动火作业前,应对作业现场的可燃物进行清理;作业现场及其附近无法移走的可燃物应采用不燃材料对其覆盖或隔离。

2 裸露的可燃材料上严禁直接进行动火作业。

3 具有火灾、爆炸危险的场所严禁明火。

6.3.3 施工现场用气应符合下列规定:

1 储装气体的罐瓶及其附件应合格、完好有效;严禁使用减压器及其他附件缺损的氧气瓶,严禁使用乙炔专用减压器、回火防止器及其他附件缺损的乙炔瓶。

4.1.3 文明施工安全生产标准强制条款

《建设工程施工现场环境与卫生标准》(JGJ 146—2013)规定:

图4-3 施工现场道路硬化处理图

2.0.2 施工现场必须采用封闭围挡,高度不得小于1.8m。

3.1.1 施工现场的主要道路应进行硬化处理。裸露的场地和堆放的土方应采取覆盖、固化或绿化等措施(图4-3)。

3.1.7 建筑物内垃圾应采用容器或搭设专用封闭式垃圾道的方式清运,严禁凌空抛掷。

3.1.11 施工现场严禁焚烧各类废弃物。

4.1.6 施工现场生活区宿舍、休息室必须设置可开启式外窗,床铺不应超过2层,不得使用通铺。

4.2.3 食堂必须有卫生许可证,炊事人员必须持身体健康证上岗。

习　题

(一)填空题

1. 坠落高度基准面( )m 及以上进行临边作业时,应在临空一侧设置防护栏杆,并应采用密目式安全立网或工具式栏板封闭。

2. 洞口作业当竖向洞口短边边长小于 0.5m 时,应采取( )措施。

3. 洞口作业当垂直洞口短边边长大于或等于 0.5m 时,应在临空一侧设置高度不小于( )的防护栏杆,并应采用密目式安全立网或工具式栏板封闭,设置挡脚板。

4. 可燃材料堆场及其加工场、固定动火作业场与在建工程的防火间距不应小于( )m。

(二)判断题

1. 洞口作业当非竖向洞口短边边长为 0.25～0.5m 时,应采用承载力满足使用要求的盖板覆盖,盖板四周搁置应均衡,且应防止盖板移位。　　　　　　　　( )

2. 洞口作业当非竖向洞口短边边长为 0.5～1.5m 时,应采用盖板覆盖或防护栏杆等措施,并应固定牢固。　　　　　　　　　　　　　　　　　　　( )

3. 洞口作业当非竖向洞口短边边长大于或等于 1.5m 时,应在洞口作业侧设置高度不小于 1.2m 的防护栏杆,洞口应采用安全平网封闭。　　　　　　　　　　( )

4. 可以在未固定、无防护设施的构件及管道上进行作业或通行。　　　　　( )

5. 宿舍、办公用房的防火设计,建筑构件的燃烧性能等级应为 A 级。　　　( )

6. 施工现场可以焚烧各类废弃物。　　　　　　　　　　　　　　　　　( )

4.2　基坑工程、拆除工程

4.2.1　基坑工程施工安全生产标准强制条款

(1)《湿陷性黄土地区建筑基坑工程安全技术规程》(JGJ 167—2009)

13.2.4　基坑的上、下部和四周必须设置排水系统,流水坡向应明显,不得积水。基坑上部排水沟与基坑边缘的距离应大于 2m,沟底和两侧必须作防渗处理。基坑底部四周应设置排水沟和集水坑。基坑工程标准化施工案例(图 4-4)。

(2)《建筑施工土石方工程安全技术规范》(JGJ 180—2009)

2.0.2　土石方工程应编制专项施工安全方案,并应严格按照方案实施。

2.0.3　施工前应针对安全风险进行安全教育及安全技术交底。特种作业人员必须持证上岗,机械操作人员应经过专业技术培训。

图4-4 基坑工程标准化施工案例图

2.0.4 施工现场发现危及人身安全和公共安全的隐患时,必须立即停止作业,排除隐患后方可恢复施工。

5.1.4 爆破作业环境有下列情况时,严禁进行爆破作业:

1 爆破可能产生不稳定边坡、滑坡、崩塌的危险;

2 爆破可能危及建(构)筑物、公共设施或人员的安全;

3 恶劣天气条件下。

6.3.2 基坑支护结构必须在达到设计要求的强度后,方可开挖下层土方,严禁提前开挖和超挖。施工过程中,严禁设备或重物碰撞支撑、腰梁、锚杆等基坑支护结构,亦不得在支护结构上放置或悬挂重物。

(3)《建筑基坑工程监测技术规范》(GB 50497—2019)

下列基坑应实施基坑工程监测:

(1)基坑设计安全等级为一、二级的基坑。

(2)开挖深度大于或等于5m的下列基坑:

①土质基坑;

②极软岩基坑、破碎的软岩基坑、极破碎的岩体基坑;

③上部为土体,下部为极软岩、破碎的软岩、极破碎的岩体构成的土岩组合基坑。

(3)开挖深度小于5m,但现场地质情况和周围环境较复杂的基坑。

8.0.9 当出现下列情况之一时,必须立即进行危险报警,并应通知有关各方对基坑支护结构和周边环境保护对象采取应急措施。

1 基坑支护结构的位移值突然明显增大或基坑出现流砂、管涌、隆起、陷落等;

2 基坑支护结构的支撑或锚杆体系出现过大变形、压屈、断裂、松弛或拔出的迹象;

3 基坑周边建筑的结构部分出现危害结构的变形裂缝;

4 基坑周边地面出现较严重的突发裂缝或地下空洞、地面下陷;

5 基坑周边管线变形突然明显增长或出现裂缝、泄漏等;

6 冻土基坑经受冻融循环时,基坑周边土体温度显著上升,发生明显的冻融变形;

7　出现基坑工程设计方提出的其他危险报警情况,或根据当地工程经验判断,出现其他必须进行危险报警的情况。

(4)《建筑深基坑工程施工安全技术规范》(JGJ 311—2013)

5.4.5　基坑工程变形监测数据超过报警值,或出现基坑、周边建(构)筑、管线失稳破坏征兆时,应立即停止施工作业,撤离人员,待险情排除后方可恢复施工。

(5)《城市地下管线探测技术规程》(CJJ 61—2017)

3.0.15　地下管线探测作业应采取安全保护措施,并应符合下列规定:

①打开窨井盖进行实地调查作业时,应在井口周围设置安全防护围栏,并指定专人看管;夜间作业时,应在作业区域周边显著位置设置安全警示灯,地面作业人员应穿着高可视性警示服;作业完毕,应立即盖好窨井盖。

②在井下作业调查或施放探头、电极导线时,严禁使用明火,并应进行有害、有毒及可燃气体的浓度测定;超标的管线应采用安全保护措施后方可作业。

③严禁在氧气、燃气、乙炔等助燃、易燃、易爆管线上拟充电点,进行直接法或充电法作业;严禁在塑料管道和燃气管线使用针探。

④使用的探测仪器工作电压超过36V时,作业人员应使用绝缘防护用品;接地电极附近应设置明显警告标志,并应指定专人看管;井下作业的所有探测设备外壳必须接地。

4.2.2　拆除工程安全生产标准强制条款

(1)《建筑拆除工程安全技术规范》(JGJ 147—2016)

5.1.1　人工拆除施工应从上至下逐层拆除,并应分段进行,不得垂直交叉作业。当框架结构采用工人拆除施工时,应按楼板、次梁、主梁、结构柱的顺序依次进行。

5.1.2　当进行人工拆除作业时,水平构件上严禁人员聚集或集中堆放物料,作业人员应在稳定的结构或脚手架上操作。

5.1.3　当人工拆除建筑墙体时,严禁采用底部掏掘或推倒的方法。

5.2.2　当采用机械拆除建筑时,应从上至下逐层拆除,并应分段进行,应先拆除非承重结构,再拆除承重结构。

6.0.3　拆除工程施工前,必须对施工作业人员进行书面安全技术交底,且应有记录并签字确认。

(2)《城市梁桥拆除工程安全技术规范》(CJJ 248—2016)

3.0.5　解除梁桥的预应力体系必须保证结构安全。预应力混凝土结构切割、破碎过程中,应采取预应力端头防护措施,轴线方向不得有人;无粘结预应力筋应在相应结构拆除前先行解除预应力。

6.1.3　上部结构拆除过程中应保证剩余结构的稳定。

习　　题

(一)填空题

1.基坑的上、下部和四周必须设置排水系统,流水坡向应明显,不得积水;基坑上部排水沟与基坑边缘的距离应大于( )m,沟底和两侧必须作防渗处理。

2.基坑工程施工前应针对安全风险进行安全教育及安全技术( )。

3.施工现场发现危及人身安全和公共安全的隐患时,必须立即( )作业,排除隐患后方可恢复施工。

(二)选择题

1.人工拆除施工应( )逐层拆除,并应分段进行,不得垂直交叉作业。

A.从上至下　　　　　B.从下至上　　　　　C.从左至右　　　　　D.从右至左

2.当出现( )情况时,必须立即进行危险报警,并应通知有关各方对基坑支护结构和周边环境保护对象采取应急措施。

A.基坑支护结构的位移值突然明显增大或基坑出现流砂、管涌、隆起、陷落等

B.基坑支护结构的支撑或锚杆体系出现过大变形、压屈、断裂、松弛或拔出的迹象

C.基坑周边建筑的结构部分出现危害结构的变形裂缝

D.基坑周边地面出现较严重的突发裂缝或地下空洞、地面下陷

(三)判断题

1.打开窨井盖进行实地调查作业时,应在井口周围设置安全防护围栏,并指定专人看管。　　　　　　　　　　　　　　　　　　　　　　　　　　( )

2.在井下作业调查或施放探头、电极导线时,可以使用明火。　　　　　( )

3.井下作业前应进行有害、有毒及可燃气体的浓度测定,超标的应采用安全保护措施后方可作业。　　　　　　　　　　　　　　　　　　　　　　( )

4.当进行人工拆除作业时,水平构件上严禁人员聚集或集中堆放物料,作业人员应在稳定的结构或脚手架上操作。　　　　　　　　　　　　　　　　　( )

4.3　脚手架、模板工程

4.3.1　《建筑施工脚手架安全技术统一标准》(GB 51210—2016)

8.3.9　支撑脚手架的水平杆应按步距沿纵向和横向通长连续设置,不得缺失。在支撑脚手架立杆底部应设置纵向和横向扫地杆,水平杆和扫地杆应与相邻立杆连接牢固(图4-5)。

9.0.5　作业脚手架连墙件的安装必须符合下列规定:

1　连墙件的安装必须随作业脚手架搭设同步进行,严禁滞后安装。

2　当作业脚手架操作层高出相邻连墙件2个步距及以上时,在上层连墙件安装完毕前,必须采取临时拉结措施。

9.0.8　脚手架的拆除作业必须符合下列规定:

1　架体的拆除应从上而下逐层进行,严禁上下同时作业。

2　同层杆件和构配件必须按先外后内的顺序拆除;剪刀撑、斜撑杆等加固杆件必须在

拆卸至该杆件所在部位时再拆除。

3 作业脚手架连墙件必须随架体逐层拆除,严禁先将连墙件整层或数层拆除后再拆架体。拆除作业过程中,当架体的自由端高度超过2个步距时,必须采取临时拉结措施。

11.2.1 脚手架作业层上的荷载不得超过设计允许荷载。

11.2.2 严禁将支撑脚手架、缆风绳、混凝土输送泵管、卸料平台及大型设备的支撑件等固定在作业脚手架上。严禁在作业脚手架上悬挂起重设备。

图 4-5 脚手架立杆基础和扫地杆示意图

4.3.2 《建筑施工扣件式钢管脚手架安全技术规范》(JGJ 130—2011)

3.4.3 可调托撑受压承载力设计值不应小于40kN,支托板厚不应小于5mm。

6.2.3 主节点处必须设置一根横向水平杆,用直角扣件扣接且严禁拆除。

6.3.3 脚手架立杆基础不在同一高度上时,必须将高处的纵向扫地杆向低处延长两跨与立杆固定,高低差不应大于1m。靠边坡上方的立杆轴线到边坡的距离不应小于500mm。

6.3.5 单排、双排与满堂脚手架立杆接长除顶层顶步外,其余各层各步接头必须采用对接扣件连接。

6.4.4 开口型脚手架的两端必须设置连墙件,连墙件的垂直间距不应大于建筑物的层高,并且不应大于4m。

6.6.3 高度在24m及以上的双排脚手架应在外侧全立面连续设置剪刀撑;高度在24m以下的单、双排脚手架,均必须在外侧两端、转角及中间间隔不超过15m的立面上,各设置一道剪刀撑,并应由底至顶连续设置。

6.6.5 开口型双排脚手架的两端均必须设置横向斜撑。

7.4.2 单、双排脚手架拆除作业必须由上而下逐层进行,严禁上下同时作业;连墙件必须随脚手架逐层拆除,严禁先将连墙件整层或数层拆除后再拆脚手架;分段拆除高差大于两步时,应增设连墙件加固。

7.4.5 卸料时各构配件严禁抛掷至地面。

8.1.4 扣件在使用前应逐个挑选,有裂缝、变形、螺栓出现滑丝的严禁使用。

9.0.1 扣件式钢管脚手架安装与拆除人员必须是经考核合格的专业架子工。架子工应持证上岗。

9.0.4 钢管上严禁打孔。

9.0.5 作业层上的施工荷载应符合设计要求,不得超载。不得将模板支架、缆风绳、泵送混凝土和砂浆的输送管等固定在架体上;严禁悬挂起重设备,严禁拆除或移动架体上安全防护设施。

9.0.7 满堂支撑架顶部的实际荷载不得超过设计规定。

9.0.13 在脚手架使用期间,严禁拆除下列杆件:

1 主节点处的纵、横向水平杆,纵、横向扫地杆。

2 连墙件。

9.0.14 当在脚手架使用过程中开挖脚手架基础下的设备基础或管沟时,必须对脚手架采取加固措施。

4.3.3 《建筑施工工具式脚手架安全技术规范》(JGJ 202—2010)

(1)附着式升降脚手架

4.4.2 附着式升降脚手架(图4-6)结构构造的尺寸应符合下列规定:

1 架体高度不得大于 5 倍楼层高。

2 架体宽度不得大于 1.2m。

图4-6 附着式升降脚手架

3 直线布置的架体支撑跨度不得大于7m,折线或曲线布置的架体,相邻两主框架支撑点处的架体外侧距离不得大于5.4m。

4 架体的水平悬挑长度不得大于2m,且不得大于跨度的二分之一。

5 架体全高与支撑跨度的乘积不得大于110m²。

4.4.5 附着支撑结构应包括附墙支座、悬臂梁及斜拉杆,其构造应符合下列规定:

1 竖向主框架所覆盖的每个楼层处应设置一道附墙支座。

2 在使用工况时,应将竖向主框架固定于附墙支座上。

3 在升降工况时,附墙支座上应设有防倾覆、导向的结构装置。

4 附墙支座应采用锚固螺栓与建(构)筑物连接,受拉螺栓的螺母不得少于两个或应采用弹簧垫圈加单螺母,螺杆露出螺母端部的长度不应少于 3 扣,并不得小于 10mm,垫板尺寸应由设计确定,且不得小于 100mm×100mm×10mm。

5 附墙支座支撑在建筑物上连接处混凝土的强度应按设计要求确定,且不得小于C10。

4.4.10 物料平台不得与附着式升降脚手架各部位和各结构构件相连,其荷载应直接传递给建筑工程结构。

4.5.1 附着式升降脚手架必须具有防倾覆、防坠落和同步升降控制的安全装置。

4.5.3 防坠落装置必须符合下列规定:

1 防坠落装置应设置在竖向主框架处并附着在建筑结构上,每个升降点不得少于一个防坠落装置,防坠落装置在使用和升降工况下都必须起作用;

2 防坠落装置必须采用机械式的全自动装置,严禁使用每次升降都需重组的手动装置;

3 防坠落装置技术性能除应满足承载能力要求外,还应符合表4-2的规定;

4 防坠落装置应具有防尘、防污染的措施,并应灵敏可靠和运转自如;

5 防坠落装置与升降设备必须分别独立固定在建筑结构上;

6 钢吊杆式防坠落装置,钢吊杆规格应由计算确定,且不应小于 $\phi25mm$。

防坠落装置技术性能   表4-2

脚手架类别	制动距离(mm)	脚手架类别	制动距离(mm)
整体式升降脚手架	≤80	单跨式升降脚手架	≤150

(2)高处作业吊篮

5.2.11 悬挂吊篮的支架支撑点处结构的承载能力,应大于所选择吊篮各工况的荷载最大值。

5.4.7 悬挂机构前支架严禁支撑在女儿墙上、女儿墙外或建筑物挑檐边缘。

5.4.10 配重件应稳定可靠地安放在配重架上,并应有防止随意移动的措施。严禁使用破损的配重件或其他替代物。配重件的重量应符合设计规定(图4-7)。

5.4.13 悬挂机构前支架应与支撑面保持垂直,脚轮不得受力。

5.5.8 吊篮内的作业人员不应超过2个。

(3)建筑施工工具式脚手架管理

7.0.1 工具式脚手架安装前,应根据工程结构、施工环境等特点编制专项施工方案,并应经总承包单位技术负责人审批、项目总监理工程师审核后实施。

7.0.3 总承包单位必须将工具式脚手架专业工程发包给具有相应资质等级的专业队伍,并应签订专业承包合同,明确总包、分包或租赁等各方的安全生产责任。

图4-7 吊篮配重

8.2.1 高处作业吊篮在使用前必须经过施工、安装、监理等单位的验收,未经验收或验收不合格的吊篮不得使用。

(4)《建筑施工模板安全技术规范》(JGJ 162—2008)

5.1.6 模板结构构件的长细比应符合下列规定:

1 受压构件长细比:支架立柱及桁架,不应大于150;拉条、缀条、斜撑等连系构件,不应大于200;

2 受拉构件长细比:钢杆件,不应大于350;木杆件,不应大于250。

6.1.9 支撑梁、板的支架立柱构造与安装应符合下列规定:

1 梁和板的立柱,其纵横向间距应相等或成倍数。

2 钢管立柱底部应设垫木和底座,顶部应设可调支托,U形支托与楞梁两侧间如有间隙,必须楔紧,其螺杆伸出钢管顶部不得大于200mm,螺杆外径与立柱钢管内径的间隙不得大于3mm,安装时应保证上下同心。

3 在立柱底距地面200mm高处,沿纵横水平方向应按纵下横上的程序设扫地杆。可调支托底部的立柱顶端应沿纵横向设置一道水平拉杆。扫地杆与顶部水平拉杆之间的间距,在满足模板设计所确定的水平拉杆步距要求条件下,进行平均分配确定步距后,在每一步距处纵横向应各设一道水平拉杆。当层高在 8 ~ 20m 时,在最顶步距两水平拉杆中间应加设一道水平拉杆;当层高大于 20m 时,在最顶两步距水平拉杆中间应分别增加一道水平拉杆。所有水平拉杆的端部均应与四周建筑物顶紧顶牢。无处可顶时,应在水平拉杆端部和中部沿竖向设置连续式剪刀撑。

4 钢管立柱的扫地杆、水平拉杆、剪刀撑应采用直径 48mm × 3.5mm 钢管,用扣件与钢管立柱扣牢。钢管扫地杆、水平拉杆应采用对接,剪刀撑应采用搭接,搭接长度不得小于 500mm,并应采用 2 个旋转扣件分别在离杆端不小于 100mm 处进行固定。

6.2.4 当采用扣件式钢管作立柱支撑时,其构造与安装应符合下列规定:

1 钢管规格、间距、扣件应符合设计要求。每根立柱底部应设置底座及垫板,垫板厚度不得小于 50mm。

2 当立柱底部不在同一高度时,高处的纵向扫地杆应向低处延长不少于 2 跨,高低差不得大于 1m,立柱距边坡上方边缘不得小于 0.5m。

3 立柱接长严禁搭接,必须采用对接扣件连接,相邻两立柱的对接接头不得在同步距内,且对接接头沿竖向错开的距离不宜小于 500mm,各接头中心距主节点不宜大于步距的 1/3。

4 严禁将上段的钢管立柱与下段钢管立柱错开固定在水平拉杆上。

5 满堂模板和共享空间模板支架立柱,在外侧周圈应设由下至上的竖向连续式剪刀撑;中间在纵横向应每隔 10m 左右设由下至上的竖向连续式剪刀撑,其宽度宜为 4 ~ 6m,并在剪刀撑部位的顶部、扫地杆处设置水平剪刀撑。剪刀撑杆件的底端应与地面顶紧,夹角宜为 45° ~ 60°。当建筑层高在 8 ~ 20m 时,除应满足上述规定外,还应在纵横向相邻的两竖向连续式剪刀撑之间增加"之"字斜撑,在有水平剪刀撑的部位,应在每个剪刀撑中间处增加一道水平剪刀撑。

习 题

判断题

1. 支撑脚手架的水平杆应按步距沿纵向和横向通长连续设置,不得缺失。 (　　)

2. 作业脚手架连墙件的安装必须随作业脚手架搭设同步进行,严禁滞后安装。 (　　)

3. 作业脚手架操作层高出相邻连墙件 2 个步距及以上时,在上层连墙件安装完毕前,必须采取临时拉结措施。 (　　)

4. 脚手架架体的拆除应从上而下逐层进行,可以上下同时作业。 (　　)

5. 脚手架同层杆件和构配件必须按先外后内的顺序拆除;剪刀撑、斜撑杆等加固杆件必须在拆卸至该杆件所在部位时再拆除。 (　　)

6. 作业脚手架连墙件必须随架体逐层拆除,严禁先将连墙件整层或数层拆除后再拆架体。 (　　)

7. 严禁将支撑脚手架、缆风绳、混凝土输送泵管、卸料平台及大型设备的支撑件等固定在作业脚手架上。 (　　)

8.拆卸脚手架卸料时各构配件可以抛掷至地面。   (   )

9.扣件式钢管脚手架安装与拆除人员必须是经考核合格的专业架子工,架子工应持证上岗。   (   )

10.在脚手架使用期间,严禁拆除主节点处的纵、横向水平杆,纵、横向扫地杆,连墙件。   (   )

4.4 临时用电

《施工现场临时用电安全技术规范》(JGJ 46—2005)规定:

1.0.3　建筑施工现场临时用电工程专用的电源中性点直接接地的220V/380V三相四线制低压电力系统,必须符合下列规定:

①采用三级配电系统;

②采用 TN－S 接零保护系统;

③采用二级漏电保护系统。

3.1.4　临时用电组织设计及变更时,必须履行"编制、审核、批准"程序,由电气工程技术人员组织编制,经相关部门审核及具有法人资格企业的技术负责人批准后实施。变更用电组织设计时应补充有关图纸资料。

3.1.5　临时用电工程必须经编制、审核、批准部门和使用单位共同验收,合格后方可投入使用。

3.3.4　临时用电工程定期检查应按分部、分项工程进行,对安全隐患必须及时处理,并应履行复查验收手续。

5.1.1　在施工现场专用变压器的供电的TN-S接零保护系统中,电气设备的金属外壳必须与保护零线连接。保护零线应由工作接地线、配电室(总配电箱)电源侧零线或总漏电保护器电源侧零线处引出(图4-8)。

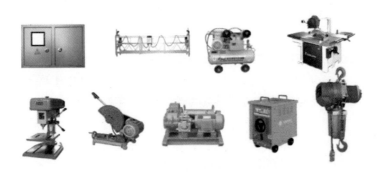

图4-8　施工现场临时用电设备图

5.1.2　当施工现场与外电线路共用同一供电系统时,电气设备的接地、接零保护应与原系统保持一致。不得一部分设备做保护接零,另一部分设备做保护接地。

采用 TN 系统做保护接零时,工作零线(N 线)必须通过总漏电保护器,保护零线(PE 线)必须由电源进线零线重复接地处或总漏电保护器电源侧零线处,引出形成局部 TN-S 接零保护系统。

5.1.10　PE 线上严禁装设开关或熔断器,严禁通过工作电流,且严禁断线。

5.3.2　TN 系统中的保护零线除必须在配电室或总配电箱处做重复接地外,还必须在配电系统的中间处和末端处做重复接地。

在 TN 系统中,保护零线每一处重复接地装置的接地电阻值不应大于10Ω。在工作接地电阻值允许达到10Ω的电力系统中,所有重复接地的等效电阻值不应大于10Ω。

5.4.7　做防雷接地机械上的电气设备,所连接地的 PE 线必须同时做重复接地,同一台机械电气设备的重复接地和机械的防雷接地可共用同一接地体,但接地电阻应符合重复接地电阻值的要求。

6.1.6　配电柜应装设电源隔离开关及短路、过载、漏电保护电器。电源隔离开关分断时应有明显可见分断点。

6.1.8　配电柜或配电线路停电维修时,应挂接地线,并应悬挂"禁止合闸、有人工作"停电标志牌。停送电必须由专人负责。

6.2.3　发电机组电源必须与外电线路电源连锁,严禁并列运行。

6.2.7　发电机组并列运行时,必须装设同步装置,并在机组同步运行后再向负载供电。

7.2.1　电缆中必须包含全部工作芯线和用作保护零线或保护线的芯线。需要三相四线制配电的电缆线路必须采用五芯电缆。

五芯电缆必须包含淡蓝、绿/黄二种颜色绝缘芯线。淡蓝色芯线必须用作 N 线;绿/黄双色芯线必须用作 PE 线,严禁混用。

7.2.3　电缆线路应采用埋地或架空敷设,严禁沿地面明设,并应避免机械损伤和介质腐蚀。埋地电缆路径应设方位标志。

8.1.3　每台用电设备必须有各自专用的开关箱,严禁用同一个开关箱直接控制 2 台及 2 台以上用电设备(含插座)。

8.1.11　配电箱的电器安装板上必须分设 N 线端子板和 PE 线端子板。N 线端子板必须与金属电器安装板绝缘;PE 线端子板必须与金属电器安装板做电气连接。

进出线中的 N 线必须通过 N 线端子板连接;PE 线必须通过 PE 线端子板连接。

8.2.10　开关箱中漏电保护器的额定漏电动作电流不应大于30mA,额定漏电动作时间不应大于0.1s。

使用于潮湿或有腐蚀介质场所的漏电保护器应采用防溅型产品,其额定漏电动作电流不应大于15mA,额定漏电动作时间不应大于0.1s。

8.2.11　总配电箱中漏电保护器的额定漏电动作电流应大于30mA,额定漏电动作时间应大于0.1s,但其额定漏电动作电流与额定漏电动作时间的乘积不应大于$30mA \cdot s$。

8.2.15　配电箱、开关箱的电源进线端严禁采用插头和插座做活动连接。

8.3.4 对配电箱、开关箱进行定期维修、检查时,必须将其前一级相应的电源隔离开关分闸断电,并悬挂"禁止合闸、有人工作"停电标志牌,严禁带电作业。

9.7.3 对混凝土搅拌机、钢筋加工机械、木工机械、盾构机械等设备进行清理、检查、维修时,必须首先将其开关箱分闸断电,呈现可见电源分断点,并关门上锁。

10.2.2 下列特殊场所应使用安全特低电压照明器:

1 隧道、人防工程、高温、有导电灰尘、比较潮湿或灯具离地面高度低于2.5m等场所的照明,电源电压不应大于36V;

2 潮湿和易触及带电体场所的照明,电源电压不得大于24V;

3 特别潮湿场所、导电良好的地面、锅炉或金属容器内的照明,电源电压不得大于12V。

10.2.5 照明变压器必须使用双绕组型安全隔离变压器,严禁使用自耦变压器。

10.3.11 对夜间影响飞机或车辆通行的在建工程及机械设备,必须设置醒目的红色信号灯,其电源应设在施工现场总电源开关的前侧,并应设置外电线路停止供电时的应急自备电源。

习 题

(一)选择题

建筑施工现场临时用电工程专用的电源中性点直接接地的220/380V三相四线制低压电力系统,必须符合( )规定。

A.采用三级配电系统　　　　　　　　B.采用TN-S接零保护系统

C.采用二级漏电保护系统

(二)判断题

1.在施工现场专用变压器的供电的TN-S接零保护系统中,电气设备的金属外壳必须与保护零线连接。 ( )

2.当施工现场与外电线路共用同一供电系统时,电气设备的接地、接零保护应与原系统保持一致,可以一部分设备做保护接零,另一部分设备做保护接地。 ( )

3.PE线上严禁装设开关或熔断器,严禁通过工作电流,且严禁断线。 ( )

4.配电柜或配电线路停电维修时,应挂接地线,并应悬挂"禁止合闸、有人工作"停电标志牌,停送电必须由专人负责。 ( )

5.电缆线路应采用埋地或架空敷设,严禁沿地面明设,并应避免机械损伤和介质腐蚀。埋地电缆路径应设方位标志。 ( )

6.每台用电设备必须有各自专用的开关箱,可以用同一个开关箱直接控制2台及2台以上用电设备。 ( )

7.配电箱、开关箱的电源进线端严禁采用插头和插座做活动连接。 ( )

8.安全特低电压照明器,在隧道、人防工程、高温、有导电灰尘、比较潮湿或灯具离地面高度低于2.5m等场所的照明,电源电压不应大于36V。 ( )

9. 安全特低电压照明器,在潮湿和易触及带电体场所的照明,电源电压不得大于24V。

（　　）

10. 安全特低电压照明器,在特别潮湿场所、导电良好的地面、锅炉或金属容器内的照明,电源电压不得大于12V。

（　　）

4.5 机械设备安全生产标准强制条款

4.5.1 《建筑机械使用安全技术规程》(JGJ 33—2012)

2.0.1 特种设备操作人员应经过专业培训、考核合格取得建设行政主管部门颁发的操作证后,并经过安全技术交底后持证上岗。

2.0.2 机械必须按出厂使用说明书规定的技术性能、承载能力和使用条件,正确操作,合理使用,严禁超载、超速作业或任意扩大使用范围。

2.0.3 机械上的各种安全防护及保险装置及各种安全信息装置必须齐全有效。

2.0.21 清洁、保养、维修机械或电气装置前,必须先切断电源,等机械停稳后再进行操作。严禁带电或采用预约停送电时间的方式进行检修。

4.1.11 建筑起重机的变幅限制器、力矩限制器、起重量限制器、防坠安全器、钢丝绳防脱装置、防脱钩装置以及各种行程限位开关等安全保护装置(图4-9),应完好齐全,严禁随意调整或拆除。严禁利用限制器和限位装置代替操纵机构。

4.1.14 在风速达到9.0m/s及以上或大雨、大雪、大雾等恶劣天气时,严禁进行建筑起重机械的安装拆卸作业。

4.5.2 桅杆式起重机专项方案必须按规定程序审批,并应经专家论证后实施。施工单位必须指定安全技术人员对桅杆式起重机的安装、使用和拆卸进行现场监督和监测(图4-10)。

图4-9 吊钩防脱钩装置

图4-10 起重机责任公示牌

5.1.4 作业前,必须查明施工场地内明、暗铺设的各类管线等设施,并应采用明显记号标示。严禁在离地下管线、承压管道1m距离以内进行大型机械作业。

5.1.10 机械回转作业时,配合人员必须在回转半径以外工作。当需在回转半径以内工作时,必须将机械停止回转并制动。

5.5.6 作业中,严禁任何人上下机械,传递物件,以及在铲斗内、拖把或机架上坐立。

5.10.20 装载机转向架未锁闭时,严禁站在前后车架之间进行检修保养。

5.13.7 夯锤下落后,在吊钩尚未降至夯锤吊环附近前,操作人员严禁提前下坑挂钩。从坑中提锤时,严禁挂钩人员站在锤上随锤提升。

7.1.23 桩孔成型后,当暂不浇注混凝土时,孔口必须及时封盖。

8.2.7 料斗提升时,人员严禁在料斗下停留或通过;当需要在料斗下方进行清理或检修时,应将料斗提升至上止点,并必须用保险销锁牢或用保险链挂牢。

10.3.1 木工圆锯机上的旋转锯片必须设置防护罩。

12.1.4 焊割现场及高空焊割作业下方,严禁堆放油类、木材、氧气瓶、乙炔瓶、保温材料等易燃、易爆物品。

12.1.9 对压力状态的压力容器和装有剧毒、易燃、易爆物品的容器,严禁进行焊接或切割作业。

4.5.2 《施工现场机械设备检查技术规范》(JGJ 160—2016)

4.1.5 柴油发电机组严禁与外电线路并列运行,且应采取电气隔离措施与外电线路互锁。当两台及以上发电机组并列运行时,必须装设同步装置,且应在机组同步后再向负载供电。

4.5.3 《建筑施工升降设备设施检验标准》(JGJ 305—2013)

3.0.7 严禁使用经检验不合格的建筑施工升降设备设施。

4.2.9 防坠装置与提升设备严禁设置在同一个附墙支撑结构上。

4.2.15 附着式脚手架架体上应有防火措施。

5.2.8 安全锁应完好有效,严禁使用超过有效标定期限的安全锁。

6.2.9 吊笼安全停靠装置应为刚性机构,且必须能承担吊笼、物料及作业人员等全部荷载。

7.2.15 严禁使用超过有效标定期限的防坠安全器。

8.2.8 钢丝绳必须设有防脱装置,该装置与滑轮及卷筒轮缘的间距不得大于钢丝绳直径的20%。

4.5.4 《建筑施工起重吊装工程安全技术规范》(JGJ 276—2012)

3.0.1 起重吊装作业前,必须编制吊装作业的专项施工方案,并应进行安全技术措施交底;作业中,未经技术负责人批准,不得随意更改。

3.0.19 暂停作业时,对吊装作业中未形成稳定体系的部分,必须采取临时固定措施。

3.0.23 对临时固定的构件,必须在完成了永久固定,并经检查确认无误后,方可解除临时固定措施。

4.5.5 《建筑施工塔式起重机安装、使用、拆卸安全技术规程》(JGJ 196—2010)

2.0.3 塔式起重机安装、拆卸作业应配备下列人员:

1 持有安全生产考核合格证书的项目负责人和安全负责人、机械管理人员。

2 具有建筑施工特种作业操作资格证书的建筑起重机械安装拆卸工、起重司机、起重信号工、司索工等特种作业操作人员。

2.0.9 有下列情况之一的塔式起重机严禁使用:

1 国家明令淘汰的产品;

2 超过规定使用年限经评估不合格的产品;

3 不符合国家现行相关标准的产品;

4 没有完整安全技术档案的产品。

2.0.14 当多台塔式起重机在同一施工现场交叉作业时,应编制专项方案,并应采取防碰撞的安全措施。任意两台塔式起重机之间的最小架设距离应符合下列规定:

1 低位塔式起重机的起重臂端部与另一台塔式起重机的塔身之间的距离不得小于2m。

2 高位塔式起重机的最低位置的部件(或吊钩升至最高点或平衡重的最低部位)与低位塔式起重机中处于最高位置部件之间的垂直距离不得小于2m。

2.0.16 塔式起重机在安装前和使用过程中,发现有下列情况之一的,不得安装和使用:

1 结构件上有可见裂纹和严重锈蚀的;

2 主要受力构件存在塑性变形的;

3 连接件存在严重磨损和塑性变形的;

4 钢丝绳达到报废标准的;

5 安全装置不齐全或失效的。

3.4.12 塔式起重机的安全装置必须齐全,并应按程序进行调试合格。

3.4.13 连接件及其防松防脱件严禁用其他代用品代用。连接件及其防松防脱件应使用力矩扳手或专用工具紧固连接螺栓。

4.0.2 塔式起重机使用前,应对起重司机、起重信号工、司索工等作业人员进行安全技术交底。

4.0.3 塔式起重机的力矩限制器、重量限制器、变幅限位器、行走限位器、高度限位器等安全保护装置不得随意调整和拆除,严禁用限位装置代替操纵机构。

5.0.7 拆卸时应先降节、后拆除附着装置。

4.5.6 《建筑施工升降机安装、使用、拆卸安全技术规程》(JGJ 215—2010)

4.1.6 有下列情况之一的施工升降机不得安装使用:

1 属国家明令淘汰或禁止使用的。

2 超过由安全技术标准或制造厂家规定使用年限的。

3 经检验达不到安全技术标准规定的。

4 无完整安全技术档案的。

5 无齐全有效的安全保护装置的。

4.2.10 安装作业时必须将按钮盒或操作盒移至吊笼顶部操作。当导轨架或附墙架上有人员作业时,严禁开动施工升降机。

5.2.2 严禁施工升降机使用超过有效标定期的防坠安全器。

5.2.10 严禁用行程限位开关作为停止运行的控制开关。

5.3.9 严禁在施工升降机运行中进行保养、维修作业。

习　题

(一)选择题

塔式起重机在安装前和使用过程中,发现有(　　　　)情况之一的,不得安装和使用。

A.结构件上有可见裂纹和严重锈蚀的　　　　B.主要受力构件存在塑性变形的

C.连接件存在严重磨损和塑性变形的　　　　D.钢丝绳达到报废标准的

E.安全装置不齐全或失效的

(二)判断题

1.特种设备操作人员应经过专业培训、考核合格取得建设行政主管部门颁发的操作证后,并经过安全技术交底后持证上岗。　　　　　　　　　　　　　　　　　　　　　(　　)

2.清洁、保养、维修机械或电气装置前,必须先切断电源,等机械停稳后再进行操作。也可以带电或采用预约停送电时间的方式进行检修。　　　　　　　　　　　　　　　(　　)

3.在风速达到9.0m/s及以上或大雨、大雪、大雾等恶劣天气时,严禁进行建筑起重机械的安装拆卸作业。　　　　　　　　　　　　　　　　　　　　　　　　　　　　　(　　)

4.机械作业中严禁任何人上下机械、传递物件,以及在铲斗内、拖把或机架上坐立。

　　　　　　　　　　　　　　　　　　　　　　　　　　　　　　　　　　　　(　　)

5.夯锤下落后,在吊钩尚未降至夯锤吊环附近前,操作人员严禁提前下坑挂钩。从坑中提锤时,挂钩人员可以站在锤上随锤提升。　　　　　　　　　　　　　　　　　　(　　)

6.桩孔成型后,当暂不浇注混凝土时,孔口必须及时封盖。　　　　　　　　　　(　　)

7.料斗提升时,人员严禁在料斗下停留或通过;当需要在料斗下方进行清理或检修时,应将料斗提升至上止点,并必须用保险销锁牢或用保险链挂牢。　　　　　　　　　(　　)

8.木工圆锯机上的旋转锯片必须设置防护罩。　　　　　　　　　　　　　　　(　　)

9.吊装暂停作业时,对吊装作业中未形成稳定体系的部分,必须采取临时固定措施。

　　　　　　　　　　　　　　　　　　　　　　　　　　　　　　　　　　　　(　　)

4.6 安全防护用品安全生产标准强制条款

《建筑施工作业劳动防护用品配备及使用标准》(JGJ 184—2009)规定:

2.0.4 进入施工现场人员必须佩戴安全帽。作业人员必须戴安全帽、穿工作鞋和工作服;应按作业要求正确使用劳动防护用品。在2m及以上的无可靠安全防护设施的高处、悬崖和陡坡作业时,必须系挂安全带(图4-11)。

图4-11 施工人员配备安全带图

3.0.1 架子工、起重吊装工、信号指挥工的劳动防护用品配备应符合下列规定:

1 架子工、塔式起重机操作人员、起重吊装工应配备灵便紧口的工作服、系带防滑鞋和工作手套。

2 信号指挥工应配备专用标志服装。在自然强光环境条件作业时,应配备有色防护眼镜。

3.0.2 电工的劳动防护用品配备应符下列规定:

1 维修电工应配备绝缘鞋、绝缘手套和灵便紧口的工作服。

2 安装电工应配备手套和防护眼镜。

3 高压电气作业时,应配备相应等级的绝缘鞋、绝缘手套和有色防护眼镜。

3.0.3 电焊工、气割工的劳动防护用品配备应符合下列规定:

1 电焊工、气割工应配备阻燃防护服、绝缘鞋、电焊手套和焊接防护面罩。在高处作业时,应配备安全帽与面罩连接式焊接防护面罩和阻燃安全带。

2 从事清除焊渣作业时,应配备防护眼镜。

3 从事磨削钨极作业时,应配备手套、防尘口罩和防护眼镜。

4 从事酸碱等腐蚀性作业时,应配备防腐蚀性工作服、耐酸碱胶鞋,戴耐酸碱手套、防护口罩和防护眼镜。

5 在密闭环境或通风不良的情况下,应配备送风式防护面罩。锅炉及压力容器安装工、管道安装工应配备紧口工作服和保护足趾安全鞋。在强光环境条件作业时,应配备有色防护眼镜。

6 在地下或潮湿场所,应配备紧口工作服、绝缘鞋和绝缘手套。

3.0.4 锅炉、压力容器及管道安装工的劳动防护用品配备应符合下列规定:锅炉及压力容器安装工、管道安装工应配备紧口工作服和保护足趾安全鞋。在强光环境条件作业时,应配备有色防护眼镜。

3.0.5 油漆工在从事涂刷、喷漆作业时,应配备防静电工作服、防静电鞋、防静电手套、防毒口罩和防护眼镜;从事砂纸打磨作业时,应配备防尘口罩和密闭式防护眼镜。

3.0.6 普通工从事淋灰、筛灰作业时,应配备高腰工作鞋、手套和防尘口罩,应配备防护眼镜;从事抬、扛物料作业时,应配备垫肩;从事人工挖扩桩孔孔井下作业时,应配备雨靴、手套和安全绳;从事拆除工程作业时,应配备保护足趾安全鞋、手套。

3.0.10 磨石工应配备紧口工作服、绝缘胶靴、绝缘手套和防尘口罩。

3.0.14 防水工的劳动防护用品配备应符合下列规定:

1 从事涂刷作业时,应配备防静电工作服、防静电鞋、防护手套、防毒口罩和防护眼镜。

2 从事沥青熔化、运送作业时,应配备防烫工作服、高腰布面胶底防滑鞋、工作帽、耐高温长手套、防毒口罩和防护眼镜。

3.0.17 钳工、铆工、通风工的劳动防护用品配备应符合下列规定:

1 从事使用锉刀、刮刀、錾子、扁铲等工具作业时,应配备紧口工作服和防护眼镜。

2 从事剔凿作业时,应配备手套和防护眼镜;从事搬抬作业时,应配备保护足趾安全鞋和手套。

3 从事石棉、玻璃棉等含尘毒材料作业时,操作人员应配备防异物工作服、防尘口罩、风帽、风镜和薄膜手套。

3.0.19 电梯安装工、起重机械安装拆卸工从事安装、拆卸和维修作业时,应配备紧口工作服、保护足趾安全鞋和手套。

习 题

(一)填空题

1.进入施工现场人员必须佩戴(　　　)。

2.在2m及以上的无可靠安全防护设施的高处、悬崖和陡坡作业时,必须系挂(　　　　)。

(二)判断题

1.架子工、塔式起重机操作人员、起重吊装工应配备灵便紧口的工作服、系带防滑鞋和工作手套。　　　　　　　　　　　　　　　　　　　　　　　　(　　　)

2.维修电工应配备绝缘鞋、绝缘手套和灵便紧口的工作服。　　　(　　　)

3.安装电工应配备手套和防护眼镜。　　　　　　　　　　　　　(　　　)

4.在密闭环境或通风不良的情况下,应配备送风式防护面罩。　　(　　　)

5.在地下或潮湿场所,应配备紧口工作服、绝缘鞋和绝缘手套。　(　　　)

6.从事人工挖扩桩孔孔井下作业时,应配备雨靴、手套和安全绳。(　　　)

7.电梯安装工、起重机械安装拆卸工从事安装、拆卸和维修作业时,应配备紧口工作服、保护足趾安全鞋和手套。　　　　　　　　　　　　　　　　　(　　　)

第 5 章

岗位安全技术操作规程

5.1 一般规定

（1）施工现场所有作业人员上岗前必须经过三级安全教育，应掌握本工种的安全技术操作规程，未经教育培训并考核合格不得上岗作业。

（2）特种作业人员必须经过专门培训，经考试合格取得相应操作资格证后，方可开展相关工作。

（3）施工作业人员必须正确使用个人防护用品，进入施工现场必须戴好安全帽、扣好帽带；严禁赤脚或穿拖鞋、硬底鞋、高跟鞋；在没有任何防护设施的高空和陡坡施工，必须系好安全带；上下交叉作业的出入口要有防护棚或其它隔离设施；高处作业要有防护栏杆、挡板或安全网。

（4）施工现场的脚手架、防护设施、安全标志和警告牌，不得擅自搬移或拆除。需要搬移或拆除的，必须经过工地施工员或安全员同意，完成相关作业后立即恢复。

（5）施工现场的通道口、楼梯口、电梯口、预留洞口、无外架的屋面周边、无外架楼层的周边、无栏杆的阳台周边、框架结构的楼层周边、跑道斜道卸料平台的两侧边等危险处，应设置防护设施及明显标志。

（6）施工现场应设交通指示标志，危险地带要悬挂"危险"或"禁止通行"指示牌，夜间应设灯示警。

（7）基坑施工应经常检查边坡土质稳固情况，发现有裂逢、疏松或支撑松动，要及时采取加固措施。

（8）高处作业时，严禁往上或往下抛掷物料和工具。

（9）施工现场，不懂机电设备的人员严禁使用和拨弄机电设备。

（10）施工作业人员不准乘坐物料提升机，不准喝酒上班，施工现场不准使用童工，不准未经三级安全教育人员上岗。

（11）班组人员作业后落手清，必须做到无"五头（砖头、木头、钢筋头、焊接头、管头）五底（砂子底、石子底、水泥底、白灰底、砂浆底）"。

（12）作业班组必须每周开展一次"四不伤害"的教育（不伤害自己、不伤害他人、不被他人伤害、保护他人不受伤害）。

（13）人工开挖土方作业时，两人保持间距 2~3m，不准掏洞施工。开挖沟槽、基坑等根据土质、深度按规定放坡，加固支撑，挖出的土应按规定堆放。

（14）掌握吊运土方的各种安全操作方法，手推车运料要保持间距，掌握平稳，不得猛跑，撒把溜放，车辆停稳后方可装卸物料。

（15）必须做好五小设施（办公室、宿舍、食堂、厕所、浴室）整洁卫生，做到施工场地和周围作业环境不扰民、不污染。

习　题

(一)填空题

1.施工现场所有作业人员上岗前必须经过(　　)安全教育,应掌握本工种的安全技术操作规程,未经培训考核合格不得上岗作业。

2.进入施工现场,必须戴好(　　),并扣好帽带。

3.基坑边缘堆放材料、施工机械设备距坑边水平距离一般不小于(　　)m,材料堆放高度不超过(　　)m。

4.人工开挖土方两人保持间距(　　)m,不准掏洞施工。

5.高处作业是指高度距基准面(　　)m及其以上作业面进行的作业。

(二)选择题

1.施工现场容易发生高处坠落事故的"四口"是:(　　)。

  A.通道口　　　　　　　B.楼梯口　　　　　　　C.电梯口　　　　　　　D.预留洞口

2.施工现场容易发生高处坠落事故的"五临边"是:(　　)。

  A.无外架的屋面周边　　　　　　　　　　B.无外架楼层的周边

  C.无栏杆的阳台周边　　　　　　　　　　D.框架结构的楼层周边

  E.跑道斜道卸料平台的两侧边

(三)判断题

1.特种作业人员必须经过专门培训,经考试合格取得相应操作资格证后,方可开展相关工作。　　　　　　　　　　　　　　　　　　　　　　　　　　　　(　　)

2.施工作业人员可以赤脚或穿拖鞋、硬底鞋、高跟鞋进入工作现场。　　　　(　　)

3.安全帽、安全带、安全网要定期检查,不符合要求的,严禁使用。　　　　(　　)

4.施工现场的脚手架、防护设施、安全标志和警告牌,不得擅自搬移或拆除。需要搬移或拆除的,必须经过工地施工员或安全员同意,完成相关作业后立即恢复。　　(　　)

5.在高处作业时,可以往上或往下抛掷物料和工具。　　　　　　　　　　(　　)

6.在施工现场,不懂机电设备的人员可以使用和拨弄机电设备。　　　　　(　　)

5.2　中小机械操作工

5.2.1　搅拌机操作规程

(1)固定式搅拌机应安装在牢固的台座上。当长期固定时,应埋置地脚螺栓在短期使用时,应在机座上铺设木枕并找平放稳。严禁以轮胎代替支撑。

（2）固定式搅拌机的操纵台,应使操作人员能看到各部工作情况。电动搅拌机的操纵台,应垫上橡胶板或干燥木板。

（3）移动式搅拌机的停放位置应选择平整坚实的场地,周围应有良好的排水沟渠。就位后,应放下支腿将机架顶起达到水平位置,使轮胎离地。当使用期较长时,应将轮胎卸下妥善保管,轮轴端部用油布包扎好,并用枕木将机架垫起支牢。

（4）对需设置上料斗地坑的搅拌机,其坑口周围应垫高夯实,以防止地面水流入坑内。上料轨道架的底端支承面应夯实或铺砖,轨道架的后面应采用木料加以支承,以防止作业时轨道变形。

（5）料斗放到最低位置时,在料斗与地面之间,应加一层缓冲垫木。

（6）作业前,应先启动搅拌机空载运转;并确认搅拌筒或叶片旋转方向与筒体上箭头所示方向一致。对反转出料的搅拌机,应使搅拌筒正、反转运转数分钟,并应无冲击抖动现象和异常噪音方可工作。

（7）作业前,应进行料斗提升试验,应观察并确认离合器、制动器灵活可靠。

（8）进料时,严禁将头或手伸入料斗与机架之间。运转中,严禁用手或工具伸入搅拌筒内扒料、出料。

（9）作业后,应对搅拌机进行全面清理;当操作人员需进入筒内时,必须切断电源或卸下熔断器,锁好开关箱,挂上"禁止合闸"标牌,并应有专人在外监护。

5.2.2　砂轮机操作规程

（1）砂轮机安全护罩必须坚固、完好。

（2）砂轮直径大于内孔直径不足20mm时,应更换砂轮。

（3）安装砂轮时,孔、轴的配合,螺母的配紧必须适度,安装完成后,应对安装质量进行细致检查和空转试验,确认安全可靠后,才可以使用。

（4）磨刀具的专用砂轮,不得磨其它工件。

（5）磨削作业时,操作者应站在砂轮机侧面进行。

（6）磨削作业尽量不使用砂轮的侧面,以免发生事故。

（7）利用把架时,应在断电情况下先将把架安装好,再启动砂轮机作业。

（8）每次使用砂轮前,应先检查砂轮与护罩间有无异物,再空转检查,确认砂轮及砂轮机无杂音、跳动等异常情况后,才能进行磨削作业。

（9）发现砂轮不正常或缺陷时,必须停止使用,立即通知修理。

（10）磨削作业前,应戴好防护眼镜。

（11）在砂轮上磨短小工件时,必须注意手指,最好用钳子夹紧工件磨削。

（12）凡笨重工件,不得在固定砂轮机上磨削。

（13）工件磨削方向应与砂轮转向一致。

（14）工件磨削位置,不应低于砂轮中心线,以保证安全。

（15）工件接近砂轮不可太快,磨削作业时,用力不可太大,以免砂轮破裂,发生事故。

（16）磨削过程中,应根据工件材质,使用冷却液或采取冷却措施。

（17）作业完毕,应停止砂轮机,切断电源。

（18）严禁不熟悉砂轮机性能和操作规程者使用砂轮机。

5.2.3 蛙式打夯机操作规程

（1）用于灰土、素土地基打夯及场地平整。

（2）作业时,手握扶手应保持机身平衡,不得用力向后压,并应随时调整行进方向。

（3）作业时,应防止电缆线被夯击。移动时,应将电缆线移至打夯机后方,不得隔着机器强扔打夯机的电缆线,以免发生意外;当转向倒线困难时,应停机调整。

（4）打夯机作业时,应1人扶夯,1人传递电缆线,且必须戴绝缘手套和穿绝缘鞋。

（5）多机作业时,其平列间距不得小于5m,前后间距不得小于10m。

（6）打夯机前进方向和四周1m范围内,不得站立非操作人员。

（7）打夯机连续作业时间不宜过长,当电动机超过额定温升时,应停机降温。

5.2.4 弯曲机操作规程

（1）操作时应按加工钢筋的直径和弯曲半径的要求,装好相应规格的芯轴和成形轴、挡铁轴。

（2）挡铁轴的直径和强度不得小于被弯钢筋的直径和强度。

（3）芯轴、挡铁轴、转盘等无裂纹和损伤,防护罩坚固可靠,空载运转正常后,方可作业。

（4）作业时,应将钢筋需弯一端插入在转盘固定销的间隙内,另一端紧靠机身固定销,并用手压紧;应检查机身固定销并确认安放在挡住钢筋的一侧,方可开动。

（5）作业中,严禁更换轴芯、销子和变换角度以及调速,也不得进行清扫和加油。

（6）超过机械铭牌规定直径的钢筋严禁进行弯曲。

（7）严禁在弯曲钢筋的作业半径内和机身不设固定销的一侧站人。弯曲好的半成品应堆放整齐,弯钩不得朝上。

（8）改变工作盘旋转方向时必须在停机后进行,即从正转→停→反转,不得直接从正转→反转或从反转→正转。

5.2.5 平面刨操作规程

（1）由专业人员操作,其他人员不可操作。

（2）刀刃具要安装要牢固,防护装置及设备各部件要良好有效。刨平面时,应根据材料的软硬及机床性能要求选用适当的吃刀量。

（3）刨料时两腿前后叉开,保持身体稳定,双手持料。

（4）较短的加工件必须使用压板或推料棍。手推木料时,手不得从刨刀上面通过,不得用腹部顶着木料推进,接木料时,人要站在侧面,手距离刨刀应在300mm以上,推进速度要慢,刨刀不得超过工作台面0.1mm。工作时,要随时注意木节、钉子和其它金属物。

（5）双人操作,精力要集中,动作要协调一致,在大平刨上,小于400mm长、50mm宽、20mm厚;在小刨床上,小于300mm长、40mm宽、20mm厚的木料不许加工。

(6)不得刨畸形木料,刨模头的木料宽度不得过长。

(7)调整刨畸形木料,刨模头的木料宽度不得过长。

(8)加工薄板窄面时,薄板必须靠住靠板,严禁离开靠板单板刨削,防止材料倒伤手。

5.2.6　圆盘锯操作规程

(1)圆盘锯应装有楔片、保护罩,锯片应紧固并垂直于轴的中心线,起动时不得有振动,开动前检查各部是否完好有效,先空转 2min 然后再工作。

(2)检查锯片松紧,垂直度和固定销,有裂纹、不平、不光滑、锯齿不快的锯片不能使用。不得在圆锯上加工不规则(如弧形)的工件,已经锯开的工件,木料不得再向反方向拉回。

(3)调整锯床必须停车。锯床的吃刀量不宜过长,变更锯片直径后,转速必须调整,以保证安全。加工薄料、小料时,要用辅助工具,不得用手直接送料。

(4)机床开动后,人要避开锯盘的旋转方向,手或身体不能接近锯齿。

(5)台面锯片高度必须超出加工料厚度 1.5cm 下,拉料时不准把料抬立超过锯片,以防伤人。锯片未停止转动时,禁止调整,禁止用手或其它东西去制动。

5.3　电　工

5.3.1　电工(使用管理)安全技术操作规程

(1)所有配电箱均应标明其名称、用途,并做出分路标记。

(2)所有配电箱门应配锁,配电箱和开关箱应由持证的电工负责使用管理。

(3)所有配电箱、开关箱应每月进行检查和维修一次。检查、维修人员必须是专业电工。检查维修时必须按规定穿戴绝缘鞋、手套,必须使用电工绝缘工具。

(4)对配电箱、开关箱进行检查、维修时,必须将其前一级相应的电源开关分闸断电,并悬挂停电标志牌,严禁带电作业。

(5)所有配电箱、开关箱在使用过程中必须按照下述操作顺序:

①送电操作顺序为:总配电箱—分配电箱—开关箱。

②停电操作顺序为:开关箱—分配电箱—总配电箱(出现电气故障的紧急情况除外)。

(6)施工现场停止作业 1h 以上时,应将动力开关箱断电上锁,并悬挂停电标志牌。

(7)分配电箱与开关箱的距离不得超过 30m,开关箱与其控制的固定式用电设备的水平距离不宜超过 3m。

(8)配电箱、开关箱内不得放置任何杂物,并应保持经常维修和整洁。

(9)配电箱、开关箱内不得挂接其它临时用电设备,不准乱剪乱接电源线。

(10)熔断器的熔体更换时,严禁用不符合原规格熔体或铁丝、铜丝、铁钉等金属体代替使用。

（11）配电箱、开关箱的进线和出线不得承受外力。严禁挂晒衣服等生活用具,与金属尖锐断口和强腐蚀介质接触。

（12）电工安装、维修或拆除临时用电工程必须由电工完成。

（13）各类用电人员应做到:

①掌握安全用电基本知识和所用设备的性能。

②使用设备前必须按规定穿戴和配备好相应的劳动防护用品,并检查电气装置和保护设施是否完好,严禁设备带"病"运转。

③停用的设备必须拉闸断电,锁好开关箱。

④负责保护所用设备的负荷线路,保护零线和开关箱,发现问题及时解决。

⑤搬迁或移动用电设备,必须经电工切断电源并作妥善处理后进行。

（14）施工现场临时用电必须建立安全技术档案,内容共应包括:

①临时用电施工组织设计的全部资料。

②修改临时用电施工组织设计的资料。

③临时用电技术交底与验收资料。

④临时用电安全检查与安全隐患整改资料。

⑤电气设备的试车、检验和调试记录(合格)。

⑥接地电阻测定记录。

⑦电工维修值班和工作记录。

（15）在建工程不得在高、低压线路下方施工。高、低压线路下方不能搭设作业棚,建造生活设施或堆放构件、架具、材料及其他杂物等。

（16）在建工程(含脚手架与机具)的外侧边缘与外电架空线路的边线之间必须保持安全操作距离:

①外电线路电压 1kV 以下最小安全操作距离为 4m。

②外电线路电压 1~10kV 最小安全操作距离为 6m。

③外电线路电压 35~110kV 最小安全操作距离为 8m。

④外电线路电压 154~220kV 最小安全操作距离为 10m。

⑤外电线路电压 330~500kV 最小安全操作距离为 15m。

注:上、下脚架的斜道不宜设在有外电线的一侧。

（17）施工现场的机动车道与外电架空线路交叉时最小垂直距离:外电线路电压 1kV 以下为 6m,1~10kV 为 7m、10~35kV 为 7m。

（18）起重机严禁越过无防护设施的外电架空线路作业。在外电架空线路附近吊装时,起重机的任何部位或被吊物边缘在最大偏斜时与架空线路边线的最小安全距离:

①外电线路电压 1kV 以下沿垂直方向最小安全距离为 1.5m,沿水平方向最小安全距离为 1.5m。

②外电线路电压 1~10kV 沿垂直方向最小安全距离为 3.0m,沿水平方向最小安全距离为 2.0m。

③外电线路电压 35kV 沿垂直方向最小安全距离为 4.0m,沿水平方向最小安全距离为 3.5m。

④外电线路电压 110kV 沿垂直方向最小安全距离为 5.0m,沿水平方向最小安全距离为 4.0m。

⑤外电线路电压 220kV 沿垂直方向最小安全距离为 6.0m,沿水平方向最小安全距离为 6.0m。

⑥外电线路电压 330kV 沿垂直方向最小安全距离为 7.0m,沿水平方向最小安全距离为 7.0m。

⑦外电线路电压 330kV 沿垂直方向最小安全距离为 8.5m,沿水平方向最小安全距离为 8.5m。

(19)施工现场开挖沟槽边缘与外电埋地电缆沟槽边缘之间的距离不得小于 0.5m。

5.3.2 电工(安装管理)安全技术操作规程

(1)施工现场临时用电应采用 TN——x 配电系统,实行"三相五线制"、三级配电两级保护和"一机一闸一保险一箱"的做法,高低压设备及线路,应按施工用电独立设计方案及有关电气安全技术规程安装和架设。

(2)所有绝缘、检验工具应妥善保管,严禁他用,并应定期检查、校验,电工在操作中应穿好绝缘鞋。

(3)线路上禁止带负荷接电或断电,严禁带电操作。

(4)熔化焊锡,锡块、工具要干燥,防止爆溅。

(5)配制环氧树脂及沥青电缆有胶物时,操作地点应通风良好,并戴好防护用品。

(6)不得使用锡焊容器盛装热电缆胶,高空浇注时下方不得有人。

(7)施工现场临时用电以及电机设备必须建立安全技术档案,现场应配置专职维护电工,并做好巡视维修记录。

(8)有人触电应立即切断电源,进行急救;电气起火,应立即将有关电源切断,使用二氧化碳、干粉灭火器灭火,严禁使用泡沫灭火器。

(9)安装高压油开关、自动空气开关等有返回弹簧的开关设备时,应将开关置于断开位置。

(10)多台配电箱(盘)并列安装时,手指不得放在两盘的接合处,也不得触摸连接螺孔。

(11)人力弯管器弯管,应选好场地,防止滑倒和坠落,操作时面部要避开。

(12)安装照明线路时,不准直接在板条天棚或隔音板上通行及堆放材料;必须通行时,应在大楞上铺设脚手板。

(13)电杆用小车搬运,应捆绑卡牢;人抬时,动作要一致,电杆不得离地过高。

(14)人工立杆,所用叉木应坚固完好,操作时互相配合,用力均衡;使用机械设备立杆,两侧应设溜绳,立杆时坑内不得有人,基坑夯实后,方可拆去叉木或拖拉绳。

(15)登杆前,杆根应夯实牢固。旧木杆杆根单侧腐朽深度超过杆根直径八分之一以上时,应经加固后,方可登杆。

(16)登杆操作时脚扣应与杆径相适应,使用脚踏板,钩子应向上,安全带应控于安全可靠处,扣环扣牢,不准拴于瓷瓶或横担上,工具、材料应用绳索传递,禁止上下抛扔。

（17）杆上紧线应侧向操作，并应上紧螺栓，紧有角度的导线，应在外侧作业，调整拉线时，杆上不得有人。

（18）紧线用的铁丝或钢丝绳，应能承受全部拉力，与导线的连接，必须牢固；紧线时，导线下方不得有人，单方向紧线时，反方向应设置临时拉线。

（19）进行耐压试验装置的金属外壳须接地，被试设备或电缆两端，如不在同一地点，另一端应有人看守或加锁，并对仪表、接线等检查无误，人员撤离后，方可升压。

（20）电气设备或材料作非冲击性试验，升压或降压，均应缓慢进行。因故暂停或试压结束，应先切断电源，安全放电，并将升压设备高压侧短路接地。

（21）电力传动装置系统及高低压各型开关调试时，应将有关的开关手柄取下或锁上，悬挂标示牌，防止误合闸。

（22）用绝缘摇表测定绝缘电阻，应防止有人触及正在测定中的线路或设备；测定容性或感性设备材料后必须放电；雷电时禁止测定线路绝缘电阻。

（23）电流互感器禁止开路，电压互感器禁止短路和以升压方式运行。

（24）电气材料或设备需放电时，应穿戴绝缘防护用品，用绝缘棒安全放电。

（25）现场变配电高压设备，不论带电与否，单人值班不准超越护栏和从事修理工作。

（26）在高压带电区域内部分停电工作时，人体与带电部份应保持安全距离，并需有人监护。

（27）变配电室内、外高压部分及线路，停电工作时：

①切断有关电源，操作手柄应上锁或挂标示牌。

②验电时应戴绝缘手套，按电压等级使用验电器，在设备两侧各相或线路各相分别验电。

③验明设备或线路确认无电后，即将检修设备或线路做短路接地。

④装设接地线，应由二人进行，先接接地端。后接导体端，拆除时顺序相反，拆、接时均应穿戴绝缘防护用品。

⑤保护零线必须采用绝缘导线。配电装置和电动机械相连接的 PE 线应为截面不小于 $2.5mm^2$ 的绝缘多股铜线。手持式电动工具的 PE 线应为截面不小于 $1.5mm^2$ 的绝缘多股铜线。

⑥设备或线路检修完毕，应全面检查确认无误后方可拆除临时短路接地线。

（28）用绝缘棒或传动机构拉、合高压开关，应戴绝缘手套。雨天室外操作时，除穿戴绝缘防护用品以外，绝缘棒应有防雨罩，并有人监护。严禁带负荷拉、合开关。

（29）电气设备的金属外壳必须接地或接零。同一设备可做接地和接零。同一供电网不允许有的接地有的接零。

（30）用电设备除作保护接零或接地外，必须在设备负荷线的首端、分端或末端设置漏电保护装置；漏电保护装置装设位置、形式与主要特性参数选择必须适应施工现场的实际需要，达到二级保护。

（31）电气设备所用保险丝（片）的额定电流应与其负荷容量相适应。禁止用其他金属线代替保险丝（片）。

(32)施工现场夜间照明电线及灯具,高度应不低于 2.5～3m。易燃、易爆场所,应用防爆灯具。

(33)照明开关、灯口及插座等,应正确接入火线及零线。

(34)检修电器或登高作业必须有 2 名电工进行工作,登高使用梯子要有防滑措施,工具和零件不准抛扔。

(35)临时线路和设备须办理申请批准手续,不准随意乱拖乱接,引线不得有接头,严禁引线二头都装插头。

(36)发生触电事故,应立即切断电源、马上进行现场抢救,并迅速通知项目部和有关部门。

习　题

(一)填空题

1.所有配电箱门应配锁,配电箱和开关箱应由持证的(　　　)负责使用管理。

2.所有配电箱、开关箱应每月进行检查和维修一次,检查、维修人员必须是专业(　　　)。

3.分配电箱与开关箱的距离不得超过(　　　)m,开关箱与其控制的固定式用电设备的水平距离不宜超过(　　　)。

4.外电线路电压 1kV 以下最小安全操作距离为(　　　)m。

5.外电线路电压 1～10kV 最小安全操作距离为(　　　)m。

6.外电线路电压 35～110kV 最小安全操作距离为(　　　)m。

7.外电线路电压 154～220kV 最小安全操作距离为(　　　)m。

8.外电线路电压 330～500kV 最小安全操作距离为(　　　)m。

9.旋转臂架式起重机的任何部位或被吊物边缘与 10kV 以下的架空线路边线最小水平距离不得小于(　　　)m。

10.施工现场临时用电应采用 TN-S 配电系统,实行"三相五线制"、(　　　)级配电(　　　)级保护和"一机一闸一保险一箱"的做法。

11.有人触电,应立即(　　　)电源,进行急救。

12.电气起火应立即将有关电源切断,使用二氧化碳、干粉灭火器灭火,严禁使用(　　　)灭火器。

13.保护零线必须采用绝缘导线。配电装置和电动机械相连接的 PE 线应为截面不小于(　　　)mm^2 的绝缘多股铜线。手持式电动工具的 PE 线应为截面不小于(　　　)mm^2 的绝缘多股铜线。

(二)选择题

1.所有配电箱、开关箱送电操作顺序为(　　　)。

　　A.总配电箱—分配电箱—开关箱　　　　B.总配电箱—开关箱—分配电箱

　　C.分配电箱—总配电箱—开关箱　　　　D.总配电箱—分配电箱—开关箱

2.所有配电箱、开关箱停电操作顺序为(　　　)。

A. 开关箱—分配电箱—总配电箱　　　B. 分配电箱—开关箱—总配电箱

C. 开关箱—总配电箱—分配电箱　　　D. 分配电箱—开关箱—总配电箱

(三)判断题

1. 施工现场夜间照明电线及灯具,高度应不低于2.5~3m,易燃、易爆场所,应用防爆灯具。（　　）

2. 对配电箱,开关箱进行检查、维修时,必须将其前一级相应的电源开头分闸断电,并悬挂停电标志牌,可以带电作业。（　　）

3. 施工现场停止作业一小时以上时,应将动力开关箱断电上锁,并挂牌标志。（　　）

4. 配电箱、开关箱内不得挂接其它临时用电设备,不准乱剪乱接电源线。（　　）

5. 配电箱、开关箱的进线和出线可以承受外力,可以挂晒衣服等生活用具,与金属尖锐断口和强腐蚀介质接触。（　　）

6. 安装、维修或拆除临时用电工程必须由电工完成。（　　）

7. 停用的设备必须拉闸断电,可以不锁开关箱。（　　）

8. 在建工程不得在高、低压线路下方施工,高、低压线路下方可以搭设作业棚,建造生活设施或堆放构件、架具、材料及其他杂物等。（　　）

9. 电气设备的金属外壳,必须接地或接零;同一设备可做接地和接零,同一供电网不允许有的接地有的接零。（　　）

10. 照明开关、灯口及插座等,应正确接入火线及零线。（　　）

5.4　焊　工

5.4.1　电焊工安全技术操作规程

(1)电焊机外壳,必须有良好的接零或接地保护,其电源的装拆应由电工进行。电焊机的一次与二次绕组之间,绕组与铁芯之间,绕组、引线与外壳之间,绝缘电阻均不得低于0.5MΩ。

(2)电焊机应放在防雨和通风良好的地方,焊接现场不准堆放易燃、易爆物品,使用电焊机必须按规定穿戴防护用品。

(3)交流弧焊机一次电源线长度应不大于5m,电焊机二次线电缆长度应不大于30m。

(4)电焊作业应双线到位,绝缘良好、接地线牢固,更换焊条应戴手套。在潮湿地点工作,应站在绝缘胶板或木板上。

(5)严禁在带压力的容器或管道上施焊,焊接带电的设备必须先切断电源。

(6)焊接贮存过易燃、易爆、有毒物品的容器或管道,必须先清除干净残留物质,并将所有孔口打开。

(7)在密闭金属容器内施焊时,容器必须可靠接地、通风良好,并应有人监护。

（8）焊接预热工件时，应有石棉布或挡板等隔热措施。

（9）把线、地线禁止与钢丝绳接触，更不得用钢丝绳或机电设备代替零线。所有地线接头，必须连接牢固。

（10）更换场地移动把线时，应切断电源，并不得手持把线爬梯登高。

（11）清除焊渣应戴防护眼镜或面罩，防止铁渣飞溅伤人。

（12）多台焊机在一起集中施焊时，焊接平台或焊件必须接地，并应有隔光板。所有接地（零）线不得串联接入接地体或零线干线。

（13）二氧化碳气体预热器的外壳应绝缘，电压应不大于36V。

（14）雷雨天气应停止露天焊接作业；更换场地移动把线应切断电源，不得手持把线爬梯登高。

（15）必须在易燃易爆气体或液体扩散区施焊时，应经有关部门检试许可后方可施焊。

（16）工作结束应切断焊机电源，并检查操作地点，确认无起火危险后方可离开。设备应维修保养，做好"十字"作业（清洁、润滑、调整、紧固、防腐）。

（17）在未彻底清理作业附近易燃易爆品或采取有效的安全措施前，严禁施焊。

（18）电焊起火应先切断焊机电源，再用二氧化碳、干粉等灭火器灭火，禁止使用泡沫灭火器。

（19）电焊时应按现场防火制度申请动火审批手续落实监护措施（图5-1）。

图5-1　施工现场动火证申请单

5.4.2　气焊工安全技术操作规程

（1）施焊场地周围清除易燃、易爆物品或覆盖、隔离，必须在可燃气体或液体扩散处施焊时，经有关部门许可后方可进行。

（2）氧气瓶、氧气表及焊割工具严禁油脂污染。

（3）氧气瓶应有防震圈，旋紧安全帽，避免碰撞和剧烈震动，并防止爆晒。

（4）点火时灯枪口不准对人，正在燃烧的焊枪不得放在工件或地面上。带有乙炔和氧气时不堆放在金属容器内，以防气体逸出，引起燃烧事故。

（5）严禁手持连接胶管的焊枪爬梯登高。

（6）严禁在带压的容器或管道上焊、割设备。

（7）在贮存过易燃、可燃及有毒物品的容器或管道上焊、割时应先清除干净残存物质。

（8）工作完毕应将氧、乙炔瓶气阀关好。

（9）应掌握氧、乙炔瓶的安全使用规定。

5.4.3　焊工"十不烧"

（1）焊工必须持证上岗，无特种作业人员安全操作证的人员，不准进行焊、割作业。

（2）凡属一、二、三级动火范围的焊、割作业，未经办理动火审批手续，不准进行焊、割。

（3）焊工不了解焊、割现场周围情况，不得进行焊、割。

（4）焊工不了解焊件内部是否安全时，不得进行焊割。

（5）各种装过可燃气体、易燃液体和有毒物质的容器，未经彻底清洗，排除危险性之前，不准进行焊、割。

（6）可燃材料用做保温层、冷却层、隔音、隔热设备的部位，或火星能飞溅到的地方，在未采取切实可靠的安全措施之前，不准焊、割。

（7）有压力或密闭的管道、容器，不准焊、割。

（8）焊、割部位附近有易燃易爆物品，在未做清理或未采取有效的安全措施前，不准焊、割。

（9）附近有与明火作业相抵触的工种在作业时，不准焊、割。

（10）与外单位相连的部位，在没有弄清有无险情，或明知存在危险而未采取有效的措施之前，不准焊、割。

习　　题

（一）填空题

1. 电焊机的一次与二次绕组之间，绕组与铁芯之间，绕组、引线与外壳之间，绝缘电阻均不得低于（　　）MΩ。

2. 交流弧焊机一次电源线长度应不大于（　　）m，电焊机二次线电缆长度应不大于30m。

3. 二氧化碳气体预热器的外壳应绝缘，端电压应不大于（　　）V。

4. 电焊起火时，应先切断焊机电源，再用二氧化碳、干粉等灭火器灭火，禁止使用（　　）灭火器。

5. 电焊时应按现场防火制度申请动火（　　）手续落实监护措施。

6. 电焊机外壳，必须有良好的接零或接地保护，其电源的装拆应由（　　）进行。

（二）选择题

焊钳与把线必须绝缘良好、连接牢固，更换焊条应戴手套。用绝缘棒或传动机构拉、合高压开关，应戴（　　）。

　　A. 普通手套　　　　　B. 安全帽　　　　　C. 绝缘手套　　　　　D. 普通帽子

(三)判断题

1. 在潮湿地点工作,应站在绝缘胶板或木板上。 （ ）
2. 可以在带压力的容器或管道上施焊,焊接带电的设备必须先切断电源。 （ ）
3. 更换场地移动把线时,应切断电源,并不得手持把线爬梯登高。 （ ）
4. 雷雨天气应停止露天焊接作业。 （ ）
5. 焊接工作结束,应切断焊机电源,并检查操作地点,确认无起火危险后方可离开。
（ ）

5.5 钢 筋 工

(1)钢材、半成品等应按规格、品种分别整齐堆放,制作场地要平整,工作台要稳固,照明灯具必须加网罩。

(2)拉直钢筋时,卡头要卡牢,地锚要结实牢固,拉筋沿线 2m 区域内禁止行人;人工绞磨拉直,不准用胸、肚接触推杠,应缓慢松解,不得一次松开。

(3)展开盘圆钢筋要一头卡牢,防止回弹,切断时要先用脚踩紧。

(4)人工切断钢筋时,夹具必须牢固。掌握切具的人与打锤人必须站成斜角,严禁面对面操作。切断长料时,设专人扶稳钢筋,操作时动作一致。钢筋短头应使用钢管套夹具夹住。钢筋短于 30cm 时,应使用钢管套夹具,严禁手扶,并在外侧设置防护箱笼罩。

(5)多人合运钢筋,起、落、转、停等动作要一致,人工上下传送不得在同一垂直线上;钢筋堆放要分散、稳当,防止倾倒和塌落。

(6)在高处、深坑绑扎钢筋和安装骨架,须搭设脚手架和马道。

(7)绑扎立柱、墙体钢筋时,不得站在钢筋骨架上和攀爬骨架上下;柱筋在 4m 以内重量不大,可在地面或楼面上绑扎,整体竖起;柱筋在 4m 以上,应搭设工作台;柱梁骨架应用临时支撑拉牢,以防倾倒。

(8)绑扎基础钢筋时,应按施工设计规定摆放钢筋支架或马凳架起上部钢筋,不得任意减少支架或马凳。

(9)绑扎高层建筑的圈梁、挑檐、外墙、边柱钢筋时,应搭设外挂架或安全网,绑扎时应挂好安全带。

(10)起吊钢筋骨架时,下方禁止站人,必须待骨架降落到离地 1m 以内方可靠近,就位支撑好方可摘钩。

(11)绑扎立柱、墙体钢筋时,不准将木棒或衡木插入钢筋骨架内,不准坐在木棒或行本上操作。

(12)钢筋超长时,捆扎应牢固,使用塔式起重机、井字架提升机的独立把杆应在起重工指挥下进行吊运到施工层面的作业。若使用人工传递应拟定操作方案并应在监护下进行操作。

(13)在操作平台上堆放钢筋或物料应牢靠,操作工具不用时,必须装在工具袋内,以防坠物伤人。

(14)使用钢筋调直机、切断机、弯曲机,应遵守钢筋机械安全技术操作规程,先检查后使用,使用后切断电源,设备应做好十字作业(清洁、润滑、调整、紧固、防腐)。

(15)冷拉和张拉钢筋要严格按照规定的应力和伸长率进行,不得随便变更;不论拉伸或放松钢筋都应缓慢均匀,发现油泵、千斤顶、锚卡出现异常,应立即停止张拉。

(16)张拉钢筋,两端应设置防护挡板;钢筋张拉后要加以防护,禁止压重物或在上面行走。浇灌注时,要防止振动器冲击预应力钢筋。

(17)千斤顶支脚必须与构件对准,放置平正,测量拉伸长度、加楔和拧紧螺栓时应先停止拉伸,并站在两侧操作,防止钢筋断裂,回弹伤人。

(18)同一构件有预应力和非预应力钢筋时,预应力钢筋应分二次张拉,第一次拉至控制应力的70%~80%,待非预应力钢筋绑好后再张拉到规定应力值。

(19)电热张拉的电气线路必须由电工安装,导线连接点应包扎,不得外露;张拉时,电压不得超过规定值。

(20)电热张拉达到张拉应力值时,应先断电,然后锚固,如带电操作应穿绝缘鞋和戴绝缘手套,钢筋在冷却过程中,两端禁止站人。

(21)机械运转正常,方可断料;断料时,手与刀口距离不得少于15cm,活动刀片前进时禁止送料。

(22)切断钢筋禁止超过机械的负载能力,切断低合金钢筋等特种钢筋,应用高硬度刀片。

(23)切长钢筋应有专人扶住,操作时动作要一致,不得任意拖拉。切短钢筋须用套管或钳子夹料,不得用手直接送料。

(24)切断机旁应设放料台,机械运转中严禁用手直接清除刀口附近的断头和杂物,在钢筋摆动范围内和刀口附近,非操作人员不得停留。

(25)钢筋要贴紧挡板,注意放入插头的位置和回转方向不得开错。

(26)弯曲长钢筋,应有专人扶住,并站在钢筋弯曲方向的外面,互相配合,不得拖拉。

(27)调头弯曲,注意防止碰撞人和物,更换插头、加油和清理,必须在停机后进行。

(28)先用压头机将钢筋头部压小,站在滚筒的一侧操作,与工作台应保持50cm,禁止用手直接接触钢筋和滚筒。

习　题

(一)填空题

1.钢筋加工制作场地要平整,工作台要稳固,照明灯具必须加(　　)。

2.拉直钢筋时,卡头要卡牢,地锚要结实牢固,拉筋沿线(　　)m区域内禁止行人。

3.起吊钢筋骨架时下方禁止站人,必须待骨架降落到离地(　　)m以内方可靠近,就位支撑好方可摘钩。

4.张拉钢筋,两端应设置防护(　　)。

（二）判断题

1. 钢筋在进行人工断料时工具必须牢固，掌克子和打锤，要站成斜角，注意抢锤区域内的人和物体。　　　　　　　　　　　　　　　　　　　　　　（　　）

2. 切断小于30cm的短钢筋，应用钳子夹牢，禁止用手把扶，并在外侧设置防护箱笼罩。　　　　　　　　　　　　　　　　　　　　　　　　　　（　　）

3. 绑扎基础钢筋时，应按施工设计规定摆放钢筋支架或马凳架起上部钢筋，不得任意减少支架或马凳。　　　　　　　　　　　　　　　　　　　　　　（　　）

4. 绑扎高层建筑的圈梁、挑檐、外墙、边柱钢筋时，应搭设外挂架或安全网，绑扎时应挂好安全带。　　　　　　　　　　　　　　　　　　　　　　（　　）

5. 在操作平台上堆放钢筋或物料应牢靠，操作工具不用时，必须装在工具袋内，以防坠物伤人。　　　　　　　　　　　　　　　　　　　　　　（　　）

6. 冷拉钢筋要先上好夹具，离开后再发开车信号，发现滑动或其他问题时，要先行停车，放松钢筋后，才能重新进入操作。　　　　　　　　　　　　　　（　　）

7. 切短钢筋须用套管或钳子夹料，不得用手直接送料。　　　　　　　（　　）

8. 钢筋切断机旁应设放料台，机械运转中严禁用手直接清除刀口附近的断头和杂物，在钢筋摆动范围内和刀口附近非操作人员不得停留。　　　　　　　（　　）

5.6　架子工和木工

5.6.1　架子工安全技术操作规程

（1）搭设或拆除脚手架必须根据专项施工方案，操作人员必须经专业培训，考核合格后持证上岗操作。

（2）钢管有严重锈蚀、弯曲、压扁或裂纹的不得使用，扣件有脆裂、变形、滑丝的禁止使用。

（3）木脚手板应用厚度不小于5cm的杉木或松木板，宽度以20～30cm为宜，凡是腐朽、扭曲、斜纹、破裂和大横透节的不得使用，板的两端8cm处应用镀锌铁丝箍绕2～3圈或用铁皮钉牢。

（4）竹片脚手板的板厚不得小于5cm，螺栓孔不得大于1cm，螺栓必须打紧；竹编脚手板必须牢固密实，四周必须用铁丝绑扎。

（5）脚手架的绑扎材料应采用8号镀锌铁丝或塑料蔑，其抗拉强度应达到规范要求。

（6）钢管脚手架的立杆应垂直稳放在金属底座或垫木上。扣件式单、双排钢管脚手架底层步距均不应大于2m。钢管的立杆、大横杆接头应错开，用扣件连接，拧紧螺栓，不准用铁丝绑扎。

（7）脚手架两端、转角处以及每隔6～7根立杆应设剪刀撑，与地面的夹角不得大于

60°,架子高度在7m以上,每二步四跨,脚手架必须同建筑物设连墙点,拉点应固定在立杆上,做到有拉有顶,拉顶同步。

(8)主体施工时在施工层面及上下层三层满铺,装修时外架脚手板必须从上而下满铺,且铺搭面间隙不得大于20cm,不得有空隙和探头板。脚手板搭接应严密,架子在拐弯处应交叉搭接;脚手板垫平时应用木块,且要钉牢,不得用砖垫。

(9)翻脚手板必须两个人由里向外按顺序进行,在铺第一块或翻到最外一块脚手板时,必须挂好安全带。

(10)斜道的铺设宽度不得小于1.2m,坡度不得大于1:3,防滑条间距不得大于30cm。

(11)脚手架的外侧、斜道和平台,必须绑1~1.2m高的护身栏杆和钉20~30cm高的挡脚板,并满挂安全防护立网。

(12)砌筑用的里脚手架铺设宽度不得小于1.2m,高度应保持低于外墙20cm,支架间距不得大于1.5m,支架底脚应垫木块,并支在能承重的结构上。搭设双层架时,上下支架必须对齐,支架间应绑斜撑拉固,不准随意搭设。

(13)剪刀撑、连墙件及其它整体性拉结杆件应随架子高度的上升及时搭设,以确保整架稳定。

(14)架上传递、放置杆件时,应注意防止失衡闪失。搭设途中,架上不得集中超载堆置杆件材料。

(15)拆除脚手架必须正确使用安全带。拆除脚手架时,必须有专人看管,周围应设围栏或警戒标志,非工作人员不得入内。拆除连墙点前应先进行检查,采取加固措施后,按顺序由上而下,一步一清,不准上下同时交叉作业。

(16)拆除脚手架大横杆、剪刀撑,应先拆中间扣,再拆两头扣,由中间操作人往下顺杆子。

(17)拆下的脚手杆、脚手板、钢管、扣件、钢丝绳等材料,严禁往下抛掷。

5.6.2　木工支模拆模安全技术操作规程

(1)高处作业时,材料码垛必须平稳整齐,不能随意乱放。

(2)使用的工具不得乱放,进行地面作业时应随时放入工具箱,进行高处作业时应放入工具袋内。

(3)作业前应检查所用的工具,如手柄有无松动、断裂等现象,手持电动工具的漏电保护器应做试机检查,合格后才能使用。操作手持电动工具时要戴绝缘手套。

(4)模板支撑不得使用腐朽、扭裂、劈裂的材料,顶撑要垂直,底端平整坚实,并加垫木,木楔要钉牢,并用横顺拉杆和剪刀撑拉牢。

(5)采用桁架支模应严格检查,发现严重变形、螺栓松动等应及时修复。

(6)支模应按工序进行,模板没有固定前,不得进行下道工序。禁止利用拉杆、支撑攀爬上下。

(7)支设4m以上的立柱模板,四周必须顶牢,操作时要搭设工作台;支设小于4m的,可使用马凳操作。

（8）支设独立梁、柱模应设临时工作台，不得站在柱模上操作和在梁启模上行走。

（9）拆除模板应经施工技术人员同意，操作时应按顺序分段进行，严禁猛撬、硬砸或大面积撬落和拉倒。工完前不得留下松动和悬挂的模板，拆下的模板应及时运送到指定地点集中堆放。

（10）拆除薄腹梁、吊车梁、桁架等预制构件模板，应随拆随加顶撑支牢。

（11）在坡度大于25°的屋面上操作，应有防滑梯、护身栏杆等防护措施。

（12）木屋架应在地面拼装，必须在上面拼装的应连续进行，中断时应设临时支撑；屋架就位后，应及时安装脊讯拉杆或临时支撑，吊运材料所用索具必须良好，绑扎要牢固。

（13）在没有房板的屋面上安装石棉瓦，应在屋架下弦设安全网或其他安全设施，并使用有防滑条的脚手板，钩挂牢固后方可操作，禁止在石棉瓦上行走。

（14）安装二层楼以上外墙窗扇，如外面无脚手架或安全网，应挂好安全带；安装窗扇中的固定扇，必须钉牢固。

（15）不准直接在板条天棚或隔音板上通行及堆放材料，必须通行时，应在大楞上铺设脚手板。

（16）钉房檐板必须站在脚手架上操作，禁止在屋面上探身操作。

（17）锯齐模条、檐口橡条或封口板时，必须挂牢安全带，站稳或坐牢操作。

（18）安装木顶棚或屋顶构件时，在作业区范围内应设有警示标志，禁止非作业人员和车辆通过。

（19）凡锈蚀、变形严重的钢管、门式架及配件均不得使用。

（20）凡遇到恶劣天气，如大雨、大雾及6级以上的大风，应停止露天高空作业，风力达到5级时，不得进行大块模板、台模等大件模具的露天吊装作业。

（21）在高空拆模时，作业区周边及进出口应设围栏并加设明显标志和警告牌，严禁非作业人员进入作业区；垂直运输模板和其他材料时，应有统一指挥、统一信号。

（22）脚手架的操作层应保持畅通，不得超载堆放材料，行人过道应有适当高度，工作前应检查脚手架的牢固性和稳定性。

（23）模板支撑系统末钉牢前不得上人，不得在未安装好的梁底板或平台上放重物或行走。

（24）登高作业时，连接件(包括钉子)等材料必须放在箱盒内或工具袋里，工具必须装在工具袋中，严禁散放在脚手板上。

（25）装拆组合钢模时，上下应有人接应，钢模板及配件应随装随转运，严禁从高处向下抛掷；已松动构件必须拆卸完毕方可停歇，如中途停止拆卸，必须把松动件固定牢固。

习　题

(一)填空题

1. 木脚手板应用厚度不小于(　　)cm 的杉木或松木板，宽度以 20~30cm 为宜。

2. 钢管脚手架的立杆应垂直稳放在金属底座或垫木上,立杆间距不得大于( )m,架子宽度不得大于( )m,大横杆应设四根,步高不大于( )m。

3. 脚手架两端、转角处以及每隔6~7根立杆应设剪刀撑,与地面的夹角不得大于( )度。

4. 主体施工时在施工层面及上下层三层满铺,装修时外架脚手板必须从上而下满铺,且铺搭面间隙不得大于( )cm,不得有空隙和探头板。

5. 斜道的铺设宽度不得小于( )m,坡度不得大于1:3,防滑条间距不得大于30cm。

6. 脚手架的外侧、斜道和平台,必须绑( )m高的护身栏杆和钉20~30cm高的挡脚板,并满挂安全防护立网。

7. 砌筑用的里脚手架铺设宽度不得小于( )m,高度应保持低于外墙20cm,支架间距不得大于1.5m,支架底脚应有垫木块,并支在能承重的结构上。

8. 凡遇到恶劣天气,如大雨、大雾及6级以上的大风,应停止露天高空作业,风力达到( )级时,不得进行大块模板、台模等大件模具的露天吊装作业。

(二)选择题

1. 在高处架上砌筑与装修操作时不准往上或往下乱抛扔材料或工具,必须采用( )方法。

  A. 直接抛出   B. 传递   C. 搬运   D. 扔下

2. 不准在门窗、暖气片、洗脸池等器物处搭设脚手板,阳台部位粉刷,外侧必须挂设( ),严禁踩踏在脚手架的护身栏杆和阳台栏板上进行操作。

  A. 防盗器   B. 监视器   C. 脚手架   D. 安全网

(三)判断题

1. 室内抹灰使用的木凳、金属支架应搭设平稳牢固,脚手板跨度不得大于2m,架上堆放材料不得过于集中,在同一跨度内不应超过两人。   ( )

2. 屋面上瓦应两坡同时进行,保持屋面受力均衡,瓦要放稳。屋面无望板时,应铺设通道,为了方便可以在行条、瓦条上行走。   ( )

3. 不准直接在板条天棚或隔音板上通行及堆放材料。必须通行时,应在大楞上铺设脚手板。   ( )

5.7 混凝土工

(1)用手推车向料斗倒料,应有挡车措施,不得用力过猛和撒把。

(2)用井架运输料车时,手推车车把不得伸出笼外,车轮前后要挡牢,稳起稳落。

(3)浇灌混凝土使用的溜槽及串筒节间必须连接牢固,操作部位应有护身栏杆,严禁直接站在溜槽板上操作。

(4)用输送泵输送混凝土,管道接头、安全阀必须完好,管道的架子必须牢固,输送前必须试送,检修必须卸压。

(5)浇灌框架、梁、柱时,应设操作台,不得直接站在模板或支撑上操作。

(6)浇捣拱形结构,应自两边拱脚对称同时进行;浇灌圈梁、雨篷、阳台应设防护设施;浇捣料仓下口应先行封闭,并铺设临时脚手架,以防人员坠落。

(7)不得在混凝土养护窑(池)边上站立和行走,并注意窑盖板和地沟孔洞,防止失足坠落。

(8)使用震动棒应穿胶鞋戴绝缘手套,湿手不得接触开关,电源线不得有破皮。

(9)预应力灌浆,应严格按照规定压力进行,输浆管道应畅通,阀门接头要严密牢固。

(10)振动棒使用前必须检查,旋转方向应与标记方向一致;连接各部位是否紧固,减振装置是否良好,经检查确认良好后方可使用。

(11)电源动力线通过道路时,应架空或置于地槽内,槽上必须加设盖板保护。

(12)使用插入式振捣器时,一人操作,另一人配合掌握电动机和开关。胶皮软管与电动机的连接必须牢固,胶管的弯曲半径不得小于50cm,以免折断,并不得多于两个弯;操作时,振捣器应自然垂直地沉入混凝土中,拉管时不得用力太猛,如发现胶管漏电现象,应立即切断电源进行检修。

(13)振捣器不准放置在初凝的混凝土、地板、脚手架、道路和干硬的地面上进行试振;如检修或操作间断时,应切断电源。

(14)雨天操作时,振捣器的电动机应有防雨装置,在使用时要注意棒壳与软管的接头必须密封,以免水浆侵入。

(15)电闸箱距实际操作地点,最远不得超过3m。

(16)插入时振捣器在钢筋网上面振捣时,应注意勿使钢筋夹住振动棒或使棒体触及硬物而受到损坏;随时注意电线的绝缘情况,如发现漏电或电动机零线脱落,应及时切断电源进行处理。

(17)工作时振动棒不能插入太深,棒体须露出四分之一至三分之一为宜,软轴部分不得插入混凝土中,否则振捣后不易拔出。

(18)工作时每次振动时间可根据坍落度决定,坍落度越大,振动时间越长。

(19)柱体混凝土不宜长时间的振捣,否则会使下层的石子与水泥砂浆离析,从而影响浇筑的质量。

(20)冬季施工如因滑润油脂凝结而振动棒不易启动时,可用炭水缓烤,但不能用烈火烤或用开水烫。

(21)用绳拉平板振捣器时,拉绳必须绝缘干燥,两人应密切配合,移动和转向时,不得用脚踢电动机。

(22)搬动平板式振捣器应从两边抬运,动作要一致,防止被障碍物绊倒。

(23)振捣器与板之间的连接螺栓要经常予以紧固,引入振捣器的动力线应固定在平板上,电器开关须安装在手柄上以便启闭。

(24)在操作中进行移动时电动机的导线保持足够的长度和松度,勿使其拉紧以免线头被拉断。

（25）振捣器的外表面应保持清洁，不得使水泥浆粘结在电动机壳上，以免影响电动机散热。

（26）操作振捣器时电动机温升不得超过75°，必要时停机降温，运转中发现故障，应立即停机排除。

（27）带有缓冲弹簧的平板式振动器，弹簧要有良好的弹性，以免在工作中振坏电动机壳体。

（28）振捣器使用完毕后必须清洗干净，保持清洁，各连接接头不得有水泥浆粘住，以免丝扣受到胶结而影响连接，捣动器清理后应放置在干燥的室内。

习　　题

判断题

1. 搅拌机进料斗升起时严禁任何人在料斗下通过和停留。　　　　　（　　）

2. 搅拌机转动时严禁将工具伸进筒内，检修时切断电源，固定料斗，进筒时应有人在外面监护。　　　　　（　　）

3. 保养设备必须停机后进行。　　　　　（　　）

4. 龙门架升降机停止工作，司机离开时应放下吊蓝，切断电源。　　　　　（　　）

5. 冷拉钢筋两端要有防护措施，防止钢筋拉断或滑离夹具伤人。　　　　　（　　）

6. 冷拉钢筋工作中，禁止人员站拉线两端或跨越冷拉中的钢筋。　　　　　（　　）

7. 钢筋弯曲作业半径内和机身不设固定销的一侧严禁站人。　　　　　（　　）

8. 平面刨应装按扭开关，不得装搬把开关，防止误操作，闸箱距设备不得超过2m。　　　　　（　　）

9. 圆盘锯设备本身有开关控制，闸箱与设备距离不超过2m。　　　　　（　　）

10. 圆盘锯换锯片或维修时先拉闸停止转动后进行。　　　　　（　　）

5.8　砌筑工和抹灰工

5.8.1　砌筑工安全技术操作规程

（1）上下脚手架应走斜道爬梯，严禁站在砖墙上做砌筑、勾缝、检查大角垂直度和清扫墙面等工作。

（2）砌砖使用的工具应放在稳妥的地方，砍砖应面向墙面，工作完毕应将脚手板上的碎砖、灰浆清扫干净，防止掉落伤人。

（3）山墙砌完后应立即安装衔条或加临时支撑，防止倒塌。

（4）运吊砌块的夹具要牢固，就位放稳后，方可松开夹具。使用斗车时，装车不得超重，卸车要平稳,不得在临边倾倒和停放。

(5)在屋面坡度大于25°时,挂瓦必须使用移动板梯,板梯必须有牢固的挂钩,没有外架时檐口应搭设防护栏杆和挂设防护立网。

(6)室内作业时,2m及2m以上必须搭设牢固里脚手架,铺好脚踏板,严禁使用铁桶、垫砖、木凳等。

(7)室内作业使用照明时,严禁擅自拉接电源线,严禁使用花线、塑胶线作为导线。

(8)砌筑时需要使用临时脚手架时,必须有牢固支架,架板应采用长2～4m,宽30cm,厚5cm的松木脚手板或竹脚手板。

(9)脚手架上堆放的物料量绝对不能超过规定的载荷量(均布荷载每平方米不得超过3kN,集中荷载不得超过1.5kN)。

(10)采用里脚手架砌墙时,不准站在墙上清扫墙面和检查大角垂直度等作业,不准在刚刚砌好的墙上行走,以免因强度不够而引发事故。

(11)砌筑操作时,架板上堆砖不得超过三皮,砌筑与装修时使用板不得同时由两人或两人以上操作,工作完毕必须清理架板上的砖、灰和工具。

(12)在高处架上砌筑与装修操作时严禁往上或往下乱抛扔材料或工具,必须采用传递的方法。

(13)泥普工使用井架提升机,人站在卸料平台出料时,必须等吊篮停靠稳定后方可拉车出料,先开吊篮停靠装置方可进入吊篮内推拉斗车。

(14)泥普工使用井架提升机,人站在卸料平台出料时,必须服从指挥,吊篮下降时人必须退至安全位置。

(15)泥普工在楼层面卸料(砖、砂浆等材料)时,不得将材料卸在临边1m的范围内。

(16)运料工在运送材料时不得从井架吊篮下通行,在发现吊篮防护门发生故障时,不得向井架操作工发出升降信号。

(17)砖块垂直运输,应采用铁笼集装。塔式起重机吊运时严禁在塔式起重机下站人或进行作业;采用塔式起重机安装楼板时,在其下层楼内不得进行作业。

(18)严禁站在墙顶上进行砌砖、勾逢、清洗墙面以及检查四大角等工作。

(19)搬运石块时,必须拿稳、放牢,防止伤人。

5.8.2 抹灰工安全技术操作规程

(1)室内抹灰使用的木凳、金属支架应搭设平稳牢固,脚手板跨度不得大于2m。架上堆放材料不得过于集中,在同一跨度内不应超过两人。

(2)严禁在门窗、暖气片、洗脸池等器物处搭设脚手板,阳台部位粉刷,外侧必须挂设安全网,严禁踩踏在脚手架的护身栏杆和阳台栏板上进行操作。

(3)机械喷灰时应戴防护用品,压力表、安全阀应灵敏可靠,输浆管各部位接口应拧紧卡牢,管路摆放顺直,避免折弯。

(4)输浆应严格按照规定压力进行,超压和管道堵塞,应卸压检修。

(5)贴面使用预制件、大理石、磁砖等,应堆放整齐平稳,边用边运,安装要稳拿稳放,待灌浆凝固稳定后,方可拆除临时支撑。

(6)使用磨石机,应戴绝缘手套穿绝缘靴,电源线不得有破皮漏电,金刚砂块安装必须牢固,经试运转正常,方可操作。

(7)顶棚抹灰应戴防护眼镜,防止砂浆掉入眼内。

(8)避免立体交叉作业,防止坠物伤人。

(9)在夜间或阴暗处作业,应采用36V以下的安全电压照明。

(10)遇有6级以上强风、大雨或大雾,应停止室外高处作业。

习　题

(一)填空题

1.室内作业,作业面高度在(　　)m及以上时必须搭设牢固里脚手架,铺好脚踏板,严禁使用铁桶、垫砖、木凳等。

2.室内抹灰使用的木凳、金属支架应搭设平稳牢固,脚手板跨度不得大于(　　)m。

(二)判断题

1.砌筑工可以站在砖墙上做砌筑、勾缝、检查大角垂直度和清扫墙面等工作。　(　　)

2.室内作业使用照明时,严禁擅自拉接电源线,可以使用花线、塑胶线作为导线。

(　　)

3.砌筑与装修时使用架板可以同时由两人或两人以上操作使用。　(　　)

4.在高处架上砌筑与装修操作时严禁往上或往下乱抛扔材料或工具,必须采用传递方法。

(　　)

5.室内装修作业可以在门窗、暖气片、洗脸池等器物处搭设脚手板。　(　　)

6.阳台部位粉刷,外侧必须挂设安全网,严禁踩踏在脚手架的护身栏杆和阳台栏板上进行操作。

(　　)

5.9　油　漆　工

(1)各类油漆和其他易燃、有毒材料,应存放在专用库房及容器内,不得与其他材料混放。少量挥发性油料应装入密闭容器内,妥善保管。

(2)在施工现场配制油漆时,不得储存大量的原料,所有的油丝、油麻、漆油布、油纸均不得随便乱丢,应集中存放在金属容器内,定期处理。

(3)高处作业使用脚手架时,应先检查脚手板无空隙和探头板牢固可靠。

(4)进行外墙、外窗、外楼梯等高处作业时,应系挂好安全带。安全带应高挂低用,挂在牢靠处。涂装窗户时,严禁站在或骑在窗栏上操作,刷封沿板或水落管时,应利用脚手架或专用操作平台架上进行操作。

（5）使用电动机械时，应按机械安全规程进行操作。电源应由电工安装，中间停歇时应拉下闸刀。使用空气压缩泵，压力不得超过规定，皮带轮应有防护罩。

（6）作业需使用明火时，应履行动火审批手续，下班前应将火熄灭，经检查无余火残存时方可离开现场。操作时应有专人监护，不得擅自离开岗位，并备有相应灭火器材、消防设施。

（7）调制操作有毒性的材料，或使用快干漆等有挥发性的材料，应配戴相应的防护用具，室内保持通风或经常换气。

（8）使用喷灯时装油不得过满，打气不得过足，应在避风处点燃喷灯，火嘴不能对人及燃烧物。使用时间不宜过长，停歇时应即刻熄火。

（9）作业时，如感觉头痛、恶心、心闷和心悸等，应停止作业，到户外通风处换气。

习　题

判断题

1.各类油漆要有专门存放地点，有"严禁烟火"明显标志，也可以与其他材料混放。
（　　）

2.使用喷浆机，手上沾有浆水时严禁开关电闸，喷头堵塞疏通时严禁对人。（　　）

3.工具要放在工具袋内，严禁口含铁钉，装完玻璃挂好风钩。（　　）

5.10　玻　璃　工

（1）裁割玻璃应在指定场所进行。边角余料要集中堆放，并及时处理。

（2）搬运玻璃应戴手套或用布、纸垫住玻璃，将手及身体裸露部分隔开。散装玻璃运输必须采用专门夹具（架），玻璃应直立堆放，不得水平堆放。

（3）安装玻璃所使用的工具应放入工具袋内，严禁将铁钉含在口内。

（4）独立悬空高处作业必须系好安全带，严禁一手腋下挟住玻璃，一手扶梯攀登上下。

（5）在高处安装玻璃，应将玻璃放置平稳，垂直下方禁止通行。安装屋顶采光玻璃，应铺设脚手板或其他安全措施。

（6）安装窗扇玻璃时，不得在竖直方向的上下两层同时作业，以免玻璃破碎掉落伤人。

（7）天窗及高层房屋安装玻璃时，施工点的下面及附近严禁行人通过，以防玻璃及工具掉落伤人。

（8）大屏幕玻璃安装应搭设吊架或挑架从上至下逐层安装，抓拿玻璃时应用橡皮吸盘。

（9）门窗等安装好的玻璃应平整、牢固，不得有松动现象；安装完毕应随即将风钩挂好或插上插销，以防风吹窗扇碰碎玻璃掉落伤人。

（10）安装完毕，所剩的残余玻璃应及时清扫集中堆放，并要尽快处理，以免伤人。

第 6 章

安全生产事故应急处置

6.1　应急预案管理

6.1.1　应急预案的概念及作用

（1）应急预案

应急预案是指针对可能发生的事故，为最大程度减少事故损害而预先制订的应急准备工作方案。

突发公共事件是指突然发生，造成或者可能造成严重社会危害，需要采取应急处置措施予以应对的自然灾害、事故灾难、公共卫生事件和社会安全事件。

突发公共事件主要分为以下四类：

①自然灾害：主要包括水旱灾害，气象灾害，地震灾害，地质灾害，海洋灾害，生物灾害和森林草原火灾等。

②事故灾难：主要包括工矿商贸等企业的各类安全事故，交通运输事故，公共设施和设备事故，环境污染和生态破坏事件等。

③公共卫生事件：主要包括传染病疫情，群体性不明原因疾病，食品安全和职业危害，动物疫情，以及其他严重影响公众健康和生命安全的事件。典型事件：新型冠状病毒疫情。

④社会安全事件：主要包括恐怖袭击事件，经济安全事件和涉外突发事件等。

（2）应急预案的作用

①应急预案确定了应急救援的范围和体系，使应急管理不再无据可依，无章可循。尤其是通过培训和演练，可以使应急人员熟悉自己的任务，具备完成指定任务所需的相应能力，并检验预案和行动程序，评估应急人员的整体协调性。

②应急预案有利于做出及时的应急响应，控制和防止事故进一步扩大，应急行动对时间要求十分敏感，不允许有任何拖延，应急预案预先明确了应急各方职责和响应程序，在应急资源等方面进行先期准备，可以指导应急救援迅速、高效、有序的开展，将事故造成的人员伤亡、财产损失和环境破坏降到最低限度。

③应急预案是各类突发事故的应急基础，通过编制应急预案，可以对事先无法预料到的突发事故起到基本的应急指导作用，成为开展应急救援的"底线"。在此基础上，可以针对特定事故类别编制专项应急预案，并有针对性的制定应急预案、进行专项应急预案准备和演习。

④应急预案建立了与上级单位和部门应急救援体系的衔接，通过编制应急预案可以确保当发生超过本级应急能力的重大事故时与有关应急机构的联系和协调。

⑤应急预案有利于提高风险防范意识，应急预案的编制、评审、发布、宣传、演练、教育和培训，有利于各方了解面临的重大事故及其相应的应急措施，有利于促进各方提高风险防范

意识和能力。

6.1.2　建设工程生产安全事故应急预案

建设工程生产安全事故多发,制订建设工程安全生产事故应急预案是贯彻落实"安全第一、预防为主、综合治理"方针,规范生产经营单位应急管理工作,提高建设行业快速反应能力,及时、有效地应对安全生产事故,保证职工健康和生命安全,最大限度地减少财产损失、环境损害和社会影响的重要措施。

1)应急预案的编制程序

生产经营单位应急预案编制程序包括应急预案编制工作组、资料收集、风险评估、应急资源调查、应急预案编制、桌面推演、应急预案评审和批准实施等8个步骤。

(1)编制准备

编制应急预案应做好以下准备工作:

①全面分析本单位危险因素、可能发生的事故类型及事故的危害程度。

②排查事故隐患的种类、数量和分布情况,并在隐患治理的基础上,预测可能发生的事故类型及其危害程度。

③确定事故危险源,进行风险评估。

④针对事故危险源和存在的问题,确定相应的防范措施。

⑤客观评价本单位应急能力。

⑥充分借鉴国内外同行业事故教训及应急工作经验。

(2)应急预案编制工作组

结合本单位部门职能分工,成立以单位主要负责人为领导的应急预案编制工作组,明确编制任务、职责分工,制订工作计划。

(3)资料收集

收集应急预案编制所需的各种资料包括相关法律法规、应急预案、技术标准、国内外同行业事故案例分析、本单位技术资料等。

(4)风险评估

在危险因素分析及事故隐患排查、治理的基础上,确定本单位的危险源、可能发生事故的类型和后果,进行事故风险分析,评估确定相应事故类别的风险等级。并找出事故可能产生的次生、衍生事故,形成分析报告,分析结果作为应急预案的编制依据。

(5)应急资源调查

全面调查和客观分析本单位以及周边单位和政府部门可请求援助的应急资源状况,撰写应急资源调查报告,其内容包括但不限于:

①按照应急资源的分类,分别描述相关应急资源的基本现状、功能完善程度、受可能发生的事故的影响程度,可调用本单位的应急队伍、装备、物资、场所;

②针对生产过程及存在的风险可采取的监测、监控、报警手段;

③上级单位、当地政府及周边企业可提供的应急资源;

④可协调使用的医疗、消防、专业抢险救援机构及其他社会化应急救援力量。

（6）应急预案编制

应急预案编制应当遵循以人为本、依法依规、符合实际、注重实效的原则，以应急处置为核心，体现自救互救和先期处置的特点，做到职责明确、程序规范、措施科学，尽可能简明化、图表化、流程化。应急预案编制过程中，应注重全体人员的参与和培训，使所有与预案有关人员均掌握危险源的危险性、应急处置方案和技能。应急预案应充分利用社会应急资源，与地方政府预案、上级主管单位以及相关部门的预案相衔接。

（7）桌面推演

①按照应急预案明确的职责分工和应急响应程序，结合有关经验教训、相关部门及其人员可采取桌面演练的形式，模拟生产安全事故应对过程，逐步分析讨论并形成记录，对本单位应急装备、应急队伍等应急能力进行评估，并结合本单位实际，加强应急能力建设。检验应急预案的可行性，并进一步完善应急预案。

②应急预案评估可以邀请相关专业机构或者有关专家、有实际经验的人员参加，必要时可以委托安全生产技术服务机构实施。

（8）应急预案评审与发布

①应急预案编制完成后，应进行评审。内部评审由本单位主要负责人组织有关部门和人员进行；外部评审由上级主管部门或地方政府负责安全管理的部门组织审查。

②应急预案评审内容主要包括：风险评估和应急资源调查的全面性、应急预案体系设计的针对性、应急组织体系的合理性、应急响应程序和措施的科学性、应急保障措施的可行性、应急预案的衔接性。

③应急预案通过评审后，按规定报送有关部门备案，并经生产经营单位主要负责人签署发布。

2）应急预案体系的构成

应急预案应形成体系，针对各级各类可能发生的事故和所有危险源制订专项应急预案和现场应急处置方案，并明确事前、事发、事中、事后的各个过程中相关部门和有关人员的职责。生产规模小、危险因素少的生产经营单位，综合应急预案和专项应急预案可以合并编写。

（1）综合应急预案

综合应急预案是从总体上阐述处理事故的应急方针、政策，应急组织机构及相关应急职责，应急行动、措施和保障等基本要求和程序，是应对各类事故的综合性文件。

（2）专项应急预案

专项应急预案是针对具体的事故类别、危险源和应急保障而制定的计划或方案，是综合应急预案的组成部分，应按照综合应急预案的程序和要求组织制定，并作为综合应急预案的附件。专项应急预案应制定明确的救援程序和具体的应急救援措施。

（3）现场处置方案

现场处置方案是针对具体的装置、场所或设施、岗位所制订的应急处置措施。现场处置方案应具体、简单、针对性强。现场处置方案应根据风险评估及危险性控制措施逐一编制，做到方案相关人员应知应会，熟练掌握，并通过应急演练，做到迅速反应、正确处置。

3)应急演练

应急演练是组织相关单位及人员,依据有关应急预案,模拟应对突发事件的活动。建筑施工单位应当至少每半年组织一次生产安全事故应急预案演练,并将演练情况报送所在地县级以上地方人民政府负有安全生产监督管理职责的部门。

(1)演练目的

①检验预案,通过开展应急演练,查找应急预案中存在的问题,进而完善应急预案,提高应急预案的实用性和可操作性。

②完善准备,通过开展应急演练,检查应对突发事件所需应急队伍、物资、装备、技术等方面的准备情况,发现不足及时予以调整补充,做好应急准备工作。

③锻炼队伍。通过开展应急演练,增强演练组织单位、参与单位和人员等对应急预案的熟悉程度,提高其应急处置能力。

④磨合机制。通过开展应急演练,进一步明确相关单位和人员的职责任务,理顺工作关系,完善应急机制。

⑤科普宣教。通过开展应急演练,普及应急知识,提高公众风险防范意识和自救互救等灾害应对能力。

(2)应急演练分类

①按组织形式划分,应急演练可分为桌面演练和实战演练。

a.桌面演练。桌面演练是指参演人员利用地图、沙盘、流程图、计算机模拟、视频会议等辅助手段,针对事先假定的演练情景,讨论和推演应急决策及现场处置的过程,从而促进相关人员掌握应急预案中所规定的职责和程序,提高指挥决策和协同配合能力。桌面演练通常在室内完成。

b.实战演练。实战演练是指参演人员利用应急处置涉及的设备和物资,针对事先设置的突发事件情景及其后续的发展情景,通过实际决策、行动和操作,完成真实应急响应的过程,从而检验和提高相关人员的临场组织指挥、队伍调动、应急处置技能和后勤保障等应急能力。实战演练通常要在特定场所完成。

②按内容划分,应急演练可分为单项演练和综合演练。

a.单项演练。单项演练是指只涉及应急预案中特定应急响应功能或现场处置方案中一系列应急响应功能的演练活动。注重针对一个或少数几个参与单位(岗位)的特定环节和功能进行检验。

b.综合演练。综合演练是指涉及应急预案中多项或全部应急响应功能的演练活动。注重对多个环节和功能进行检验,特别是对不同单位之间应急机制和联合应对能力的检验。

(3)演练评估

演练评估是在全面分析演练记录及相关资料的基础上,对比参演人员表现与演练目标要求,对演练活动及其组织过程作出客观评价,并编写演练评估报告的过程。所有应急演练活动都应进行演练评估。

习　题

（一）填空题

1. 应急预案是指针对可能发生的突发公共事件，为迅速、有序地开展应急行动而预先制定的行动（　　　）。

2. 按组织形式划分，应急演练可分为（　　　）和（　　　）。

3. 按内容划分，应急演练可分为（　　　）和（　　　）。

4. 建筑施工企业应当至少（　　　）组织一次生产安全事故应急预案演练。

（二）选择题

1. 突发公共事件包括（　　　）。

　A. 自然灾害　　　　　　　　　　　　B. 事故灾难

　C. 公共卫生事件　　　　　　　　　　D. 社会安全事件

2. 生产安全事故属于（　　　）类突发公共事件。

　A. 自然灾害　　　　　　　　　　　　B. 事故灾难

　C. 公共卫生事件　　　　　　　　　　D. 社会安全事件

3. 新冠疫情属于（　　　）类突发公共事件。

　A. 自然灾害　　　　　　　　　　　　B. 事故灾难

　C. 公共卫生事件　　　　　　　　　　D. 社会安全事件

4. 应急预案的作用（　　　）。

　A. 确定了应急救援的范围和体系

　B. 有利于做出及时的应急响应

　C. 是各类突发事故的应急基础

　D. 建立了与上级单位和部门应急救援体系的衔接

　E. 有利于提高风险防范意识

5. 应急预案体系的构成包括（　　　）。

　A. 综合应急预案　　　B. 专项应急预案　　　C. 现场处置方案

6. 应急演练的目的是（　　　）。

　A. 检验预案　　　B. 完善准备　　　C. 锻炼队伍　　　D. 磨合机制

　E. 科普宣教

（三）判断题

1. 应急演练过程中，应注重全体人员的参与和培训，使所有与事故有关人员均掌握危险源的危险性、应急处置方案和技能。（　　　）

2. 所有应急演练活动都应进行演练评估。（　　　）

<h1 style="text-align:center">6.2 高坠事故</h1>

6.2.1 高坠事故风险辨识

高处坠落事故最大风险源自高处作业,根据高处作业者工作时所处的部位不同,高处作业可分为:

(1)临边作业:施工现场中,工作面边沿无围护设施或围护设施高度低于80cm时的高处作业。

"五临边"是指:沟、坑、槽和深基础周边;楼层周边;楼梯侧边;平台或阳台边,屋面周边。

①沟、坑、槽和深基础周边,如图6-1所示。

图6-1 深坑边

②框架结构施工的楼层临边,如图6-2所示。

③楼梯和斜道的侧边,如图6-3所示。

图6-2 框架结构楼层边

图6-3 楼梯侧边

④尚未安装栏杆的阳台边,如图6-4所示。

⑤屋面周边,如图6-5所示。

还有各种垂直运输卸料平台的侧边,水箱水塔周边等的作业也是临边作业。临边作业面高度越高,危险性越大。

图 6-4　阳台边

图 6-5　屋面周边

（2）洞口作业：孔、洞口旁边的高处作业，包括施工现场及通道旁深度在 2m 及 2m 以上的桩孔、人孔、沟槽与管道孔洞等边沿的作业。

建筑物的楼梯口、电梯口及设备安装预留洞口等，在建筑物建成前，不能安装正式栏杆等围护结构时，还有一些施工需要预留的上料口、通道口等，这些洞口没有防护时，就有造成作业人员高处坠落的风险。

"四口"通常是指：楼梯口、电梯口、预留洞口、通道口，如图 6-6 ～ 图 6-9 所示。

图 6-6　楼梯口

图 6-7　电梯口

图 6-8　预留洞口

图 6-9　通道口

（3）攀登作业：借助登高用具或登高设施在攀登条件下进行的高处作业。

在建筑物周围搭设脚手架、张挂安全网、安装塔式起重机、井字架、桩架、登高安装钢结构构件等作业都属于这种作业。

（4）悬空作业：在周边临空状态下进行的高处作业。其特点是在操作者无立足点或无牢靠立足点条件下进行高处作业。

建筑施工中的构件吊装，利用吊篮架进行外装修，悬挑或悬空架板、雨棚等特殊部位支拆模板、扎筋、浇混凝土等分项作业都属于悬空作业。由于是在不稳定的条件下施工作业，危险性很大。

（5）交叉作业：在施工现场的上下不同层次，于空间贯通状态下同时进行的高处作业。

现场施工上部搭设脚手架、吊运物料，地面上的人员搬运材料、制作钢筋，或外墙装修下面打底抹灰、上面进行面层装修等，都是施工现场的交叉作业。

高处作业存在以下安全隐患，可能会导致发生高处坠落事故：孔洞无盖板、临边无栏杆、高处作业点防护设施不全、设备或工具有缺陷、个体安全防护用品有缺陷以及其他行为性、管理性和装置性违章。

6.2.2　高坠事故的应急处置

发生高空坠落事故后，现场作业人员应立即向现场负责人进行报告，并采取措施开展现场急救工作。现场负责人拨打 120 进行医疗求助，拨打电话时要尽量说清楚以下几件事：

（1）说明伤情和已经采取了哪些措施，以便让救护人员事先做好急救的准备。

（2）讲清楚伤者（事故）发生的具体地点。

（3）说明报救者姓名（或事故地）电话，并派人在现场外等候接应救护车，同时把救护车辆进事故现场的路上障碍及时予以清除，以便救护车辆到达后，能及时进行抢救。

（4）现场作业人员应做好受伤人员的现场救护工作。如受伤人员出现骨折、休克或昏迷状况，应采取临时包扎止血措施，进行人工呼吸或胸外心脏挤压，尽量努力抢救伤员，将事故伤亡控制到最小,损失降到最小。

(5)应急人员赶赴现场后,应当立即采取措施对事故现场进行隔离和保护,严禁无关人员入内,为应急救援工作创造一个安全的救援环境。同时,应立即组织开展事故调查,为尽快事故恢复创造条件。

(6)急救人员必须在最短的时间内到达现场,迅速对患者判断有无威胁生命的征象,并按以下顺序及时检查与优先处理存在的危险因素,呼吸道梗阻,出血,休克,呼吸困难,反常呼吸,骨折。

6.2.3 常用的救治处置方法

1)出血的处置方法

(1)伤口渗血,用消毒纱布或用干净布盖住伤口,然后进行包扎。若包扎后扔有较多渗血,可再加绷带,适当加压止血或用布带等止血。

(2)伤口出血呈喷射状或鲜血液涌出时立即用清洁手指压迫出血点上方(近心端)使血流中断,并将出血肢体抬高或举高,以减少出血量。有条件用止血带止血后再送医院。

2)骨折处置方法

(1)肢体骨折可用夹板或木棍、竹杆等将断骨上、下方关节固定,也可利用伤员身体进行固定,避免骨折部位移动,以减少疼痛,防止伤势恶化。

(2)开放性骨折,伴有大出血者应先止血,固定,并用干净布片覆盖伤口,然后速送医院救治,切勿将外露的断骨推回伤口内。

(3)疑有颈椎损伤,在使伤员平卧后,用沙土袋(或其他替代物)放在头部两侧使颈部固定不动,以免引起截瘫。

(4)腰椎骨折应将伤员平卧在平硬木板上,并将椎躯干及二侧下肢一同进行固定预防瘫痪。搬动时应数人合作,保持平稳,不能扭曲。

(5)在搬运和转送过程中,颈部和躯干不能前屈或扭转,而应使脊柱伸直,绝对禁止一个抬肩一个抬腿的搬法,以免发生或加重截瘫。

3)颅脑外伤

(1)应使伤员采取平卧位,保持气管通畅,若有呕吐,扶好头部,和身体同时侧转以防窒息。

(2)耳鼻有液体流出时,不要用棉花堵塞,可轻轻拭去,以利降低颅内压力。

(3)颅脑外伤,病情复杂多变,禁止给予饮食,应立送医院诊治。

(4)搬走时,应使伤员平躺在担架上,腰部束在担架上,防止跌下。平地搬走时,伤员头部在后,上楼、下楼、下坡时保持头部在上。

4)穿透伤及内伤

(1)如有腹腔脏器脱出,可用干毛巾、软布料或搪、瓷碗加以保护。

(2)及时去除伤员身上的用具和口袋中的硬物。

(3)禁止将穿透物拔除,应立即将伤员连同穿透物一起送往医院处置。

习　题

(一)填空题

1.高处坠落事故最大风险源自(　　)作业。

2.工作面边沿无围护设施或围护设施高度低于(　　)cm时的高处作业属于临边作业。

(二)选择题

1."五临边"指(　　)。

　　A.沟、坑、槽和深基础周边　　　　　　　　B.框架结构施工的楼层周边

　　C.屋面周边　　　　　　　　　　　　　　　D.尚未安装栏杆的楼梯和斜道的侧边

　　E.尚未安装栏杆的阳台边

2.施工现场"四口"通常是指(　　)。

　　A.楼梯口　　　　　　B.电梯口　　　　　　C.预留洞口　　　　　　D.通道口

3.高处作业存在(　　)安全隐患,可能会导致发生高处坠落事故。

　　A.孔洞无盖板　　　　　　　　　　　　　　B.临边无栏杆

　　C.高处作业点防护设施不全　　　　　　　　D.设备或工具有缺陷

　　E.安全防护用品有缺陷　　　　　　　　　　F.行为性、管理性和装置性违章

4.高处坠落伤员应采取(　　),保持气管通畅,若有呕吐,扶好头部,和身体同时侧转防窒息。

　　A.平卧位　　　　　　B.侧躺位　　　　　　C.趴卧位　　　　　　D.蜷曲位

(三)判断题

1.伤口出血呈喷射状或鲜血液涌出时立即用清洁手指压迫出血点上方(近心端)使血流中断,并将出血肢体抬高或举高,以减少出血量。　　　　　　　　　　　　　　(　　)

2.肢体骨折可用夹板或木棍、竹杆等将断骨上、下方关节固定,也可利用伤员身体进行固定,避免骨折部位移动,以减少疼痛,防止伤势恶化。　　　　　　　　　　(　　)

3.开放性骨折,伴有大出血者应先止血,固定,并用干净布片覆盖伤口,然后速送医院救治,切勿将外露的断骨推回伤口内。　　　　　　　　　　　　　　　　　　　(　　)

4.疑有颈椎损伤,在使伤员平卧后,用沙土袋(或其他替代物)放在头部两侧使颈部固定不动,以免引起截瘫。　　　　　　　　　　　　　　　　　　　　　　　　　(　　)

5.腰椎骨折应将伤员平卧在平硬木板上,并将椎躯干及二侧下肢一同进行固定预防瘫痪。搬动时应数人合作,保持平稳,不能扭曲。　　　　　　　　　　　　　　　(　　)

6.穿透伤如有腹腔脏器脱出,可用干毛巾、软布料或搪、瓷碗加以保护。　　(　　)

7.发生穿透伤害时,禁止将穿透物拔除,应立即将伤员连同穿透物一起送往医院处置。　　　　　　　　　　　　　　　　　　　　　　　　　　　　　　　　　(　　)

8.在建筑物周围搭设脚手架、张挂安全网、安装塔式起重机、井字架、桩架、登高安装钢结构构件等作业都属于登高作业。　　　　　　　　　　　　　　　　　(　　)

6.3　物体打击事故

建筑工地是一个多工种、立体交叉作业的施工场地,物体打击是建筑施工"五大伤害"事故之一,特别在施工周期长,劳动力、施工机具、物料投入较多,交叉作业时常有发生。这就要求在高处作业的人员对机械运行、物料传接、工具的存放过程中,都必须确保安全,防止物体坠落伤人的事故发生。

6.3.1　建筑施工物体打击事故类别

建筑施工行业发生物体打击伤害事故的比例相对比较高,尤其是现场操作人员。经常出现的物体打击事故类别可概括为以下几种:

(1)交叉作业组织不合理而引发的。

(2)起吊重物时,吊物悬挂不稳,起吊零散物料未捆绑牢固,索具、索绳突然断裂等。

(3)从高处往下抛掷建筑材料、杂物、垃圾或向上递工具、小材料。

(4)高处作业未设置警示标志,作业平台未设置护栏和搭设防护隔离。

(5)材料堆放不稳、过多或过高。

6.3.2　物体打击事故原因分析

从大量的物体打击事故来看,造成物体打击事故不断发生的原因主要有:

(1)施工现场管理混乱

主要表现为:施工现场不按规定堆放材料、构件,放置机械设备;施工现场环境脏乱差,管理不善;多支施工队伍同时交叉作业,未按操作规程作业;施工现场临边洞口无防护或防护不严密;作业人员未配备个人防护用品或个人防护用品不齐全、使用不正确等。

(2)安全管理不到位

按照《建筑施工高处作业安全技术规范》(JGJ 80—2016)的有关规定,施工作业场所有可能坠落的物件,应一律先行拆除或加以固定;拆卸下的物体及余料不得任意乱置或向下丢弃;钢模板、脚手架等拆除时,下方不得有其他操作人员等,但是在实际作业中存在违章现象,安全管理未能实际落实,因此而发生事故。

(3)机械设备不安全

由于建筑施工主要是露天作业,长期的风吹雨打,造成机械设备的安全装置损坏,如起重机械制动失灵,钢丝绳、销轴、吊钩断裂,连接松脱,滑轮破损等,或设备索具、索绳不符合安全规范的技术要求,从而埋下安全隐患。

(4)施工人员违章操作或者错误操作

这是造成物体打击事故的重要因素。由于安全教育不够,安全管理和安全防护措施不到位,使施工人员在作业中由于人为操作不慎,致使零部件、工具、材料从高处坠落伤人,或者由于违章操作向下抛扔物件伤人,或起吊物绑扎不牢、外溢坠落伤人。

物体打击事故的起源,一般多是机械设备故障、施工人员违章操作引起的,需要综合治理。

6.3.3 物体打击事故预防措施

根据《建筑施工易发事故防治安全标准》(JGJ/T 429—2018),物体打击事故预防应做到:

(1)交叉作业时,下层作业位置应处于上层作业的坠落半径之外,在坠落半径内时,必须设置安全防护棚或其他隔离措施。

(2)下列部位自建筑物施工至二层起,其上部应设置安全防护棚。

①人员进出的通道口(包括物料提升机、施工升降机的进出通道口);

②上方施工可能坠落物件的影响范围内的通行道路和集中加工场地;

③起重机的起重臂回转范围之内的通道。

(3)安全防护棚宜采用型钢或钢板搭设或用双层木质板搭设,并能承受高空坠物的冲击。防护棚的覆盖范围应大于上方施工可能坠落物件的影响范围。

(4)短边边长或直径小于或等于500mm的洞口,应采取封堵措施。

(5)进入施工现场的人员必须正确佩戴安全帽。

(6)高处作业现场作业所有可能坠落的物件应预先撤出或固定,所存物料应堆放平稳,随身作业工具应装入工具袋,作业通道应清扫干净。

(7)临边防护栏杆下部挡脚板下边距离底面的空隙不应大于10mm,操作平台或脚手架作业层采用冲压钢脚手板时,板面冲孔直径应小于25mm。

(8)悬挑脚手架、附着式升降脚手架底层应采取可靠封闭措施。

(9)人工挖孔桩孔口第一节护臂井圈顶面应高出地面不小于200mm,孔口四周不得堆积杂物。

(10)临边作业面应在边坡设置阻拦网或覆盖钢丝网进行防护。

6.3.4 物体打击事故的应急处置

(1)发生物体打击事故后,现场作业人员应立即向施工现场管理人员进行报告,并迅速组织抢救伤者。

(2)在就地抢救的同时,现场管理人员应立即拨打120急救电话,向医疗单位求救,并准备好车辆随时运送伤员到就近的医院救治。

拨打电话时要尽量说清楚以下几件事:

①说明伤情和已经采取了哪些措施,好让救护人员事先做好急救准备。

②讲清楚伤者在什么地方、什么路几号什么路口,附近有什么样特征。

③说明报救者单位、姓名和电话。

通完电话后,应派人在现场外等候接应救护车,同时把救护车进工地的路上障碍及时给予清除,以便救护车到达后,能及时进行抢救。

（3）现场抢救应首先观察伤者的受伤情况、部位、伤害性质，如伤员发生休克，应先处理休克。遇呼吸、心跳停止者，应立即进行人工呼吸、胸外心脏挤压。处于休克状态的伤员要让其安静、保暖、平卧、少动，并将下肢抬高约20°，尽快送医院进行抢救治疗。

（4）出现颅脑外伤，必须维持呼吸道通畅。昏迷者应平卧，面部转向一侧，以防舌根下坠或分泌物、呕吐物吸入，发生喉阻塞。有骨折伤员，应初步固定后再搬运。偶有凹陷骨折、严重的颅底骨折及严重的脑损伤症状出现，创伤处用消毒的纱布或清洁布等覆盖伤口，用绷带或布条包扎后，及时送往就近有条件的医院治疗。

（5）发现脊椎受伤者，创伤处用消毒的纱布或清洁布等覆盖伤口，用绷带或布条包扎。搬运时，将伤者平卧放在帆布担架或硬板上，以免受伤的脊椎移位、断裂造成截瘫，甚至导致死亡。抢救脊椎受伤者，搬运过程中严禁只抬伤者的两肩与两腿或单肩背运。

（6）遇有创伤性出血的伤员，应迅速包扎止血，使伤员保持在头低脚高的卧位，并注意保暖。正确的现场止血处理措施：

①一般伤口的止血法：先用生理盐水（0.9% NaCl 溶液）冲洗伤口，涂上红汞水，然后盖上消毒纱布，用绷带，较紧地包扎。

②加压包扎止血法：用纱布、棉花等做成软垫，放在伤口上再加以包扎，来增强压力而达到止血。

③止血带止血法：选择弹性好的橡皮管、橡皮带或三角巾、毛巾、带状布条等，上肢出血绑扎在上臂上二分之一处（靠近心脏位置），下肢出血绑扎在大腿上三分之一处（靠近心脏位置）。绑扎时，在止血带与皮肤之间垫上消毒纱布棉纱。每隔 25 ~ 40min 放松一次，每次放松 0.5 ~ 1min。

习　题

（一）填空题

1. 短边边长或直径小于或等于（　　）mm 的洞口，应采取封堵措施。

2. 人工挖孔桩孔口第一节护臂井圈顶面应高出地面不小于（　　）mm，孔口四周不得堆积杂物。

3. 交叉作业时，下层作业位置应处于上层作业的坠落半径之（　　），在坠落半径内时，必须设置安全防护棚或其他隔离措施。

（二）选择题

1. 下列可能引发物体打击事故的情形有（　　）。

A. 施工现场不按规定堆放材料、构件

B. 多支施工队伍同时交叉作业，未按操作规程作业

C. 临边洞口无防护或防护不严密

D. 作业人员无个人防护用品未配备或使用不正确

E. 有坠落可能的物件未拆除或加以固定

F. 拆卸下的物体及余料任意乱置或向下丢弃

2. 临边防护栏杆下部挡脚板下边距离底面的空隙不应大于(　　)mm。操作平台或脚手架作业层采用冲压钢脚手板时,板面冲孔直径应小于25mm。

  A.10   B.20   C.30   D.40

3. 下列哪些部位自建筑物施工至二层起,其上部应设置安全防护棚(　　)。

  A.人员进出的通道口

  B.可能坠落物件影响范围内的通行道路和集中加工场地

  C.起重机的起重臂回转范围之内的通道

4. 发生生产安全事故,在抢救人员时可拨打(　　)电话,向医疗单位求救。

  A.110   B.120   C.119

(三)判断题

1. 物体打击事故的起源,一般多是机械设备故障、施工人员违章操作引起的,需要综合治理。(　　)

2. 抢救脊椎受伤者,搬运过程中,严禁只抬伤者的两肩与两腿或单肩背运。(　　)

3. 遇有创伤性出血的伤员,应迅速包扎止血,使伤员保持在头低脚高的卧位。(　　)

6.4　触电事故

6.4.1　触电事故原因

(1)安全用电意识薄弱。作业人员与管理人员不重视安全教育,不懂安全用电知识。在施工的过程中也不重视用电安全,特别是在防护用品的使用上,不穿戴绝缘手套与绝缘鞋的现象比较严重。

(2)施工配电设施缺乏有效管理。施工作业过程中,触电事故的发生往往是由于配电设施缺乏有效、规范的管理。闸箱或配电板不合格,带电体裸露,闸具、漏电保护开关质量有问题从而导致失效,电线破损或不符合用电要求,用电设备位置放置不当如离高压线位置太近,都是触电事故的多发原因。

(3)操作不规范。操作人员违章操作现象严重,为了作业方便而忽视用电安全,如违反"一机一闸一箱一漏"的安全规定、不安装漏电保护装置、对线路安全检查不重视等。

(4)施工环境的影响。天气环境也是影响触电事故发生的原因之一,阴雨天由于施工现场排水设施不完善,电线未及时进行埋地处理,绝缘层包裹不当易发生漏电导致触电事故。

6.4.2　触电事故的特征

(1)低压设备触电事故率高,移动式设备与手持设备触电事故率高。在施工现场安全生产过程中,使用的机电设备及供电设备多数为低压设备与手持式设备,其分布广、与作业者接触频率高,而在生产和作业中,这些移动性大,且又不是专人使用,故不便管理,安全隐患较多。往往由于管理不严,同时作业者又缺乏一定的安全用电知识,触电事故率高。

（2）违章作业或误操作的触电事故率高。触电类事故的发生主要是由于作业人员培训上岗或受培训教育程度不够，操作技术不过关或不熟练，出现误操作或违章作业而引起的。

（3）送电线路不规范和配电器质量不合格。大部分工地没有按规范要求使用电缆而使用黑皮线、胶质线、护套线等进行送电，或没有使用防爆开关、防爆灯等配（用）电设备，而是用明刀闸开关、普通照明灯头等替代，缆线悬挂不合格或不悬挂、绝缘破坏严重、线路乱拉、乱接以及普遍存在的裸接头等，加上企业为减少投入，这些不安全设施极易在生产、操作或维护过程中造成触电事故。

（4）触电事故的季节性明显。每年的第二和第三季度发生的触电事故多，也最集中。这主要是这个季节雨水多、作业场所潮湿，机电设备绝缘性能降低，同时因人体多汗，皮肤电阻降低等更容易导电。

6.4.3 触电事故的应急处置

（1）应急处置

将触电者与电源隔离。脱离电源的方法，应根据现场具体条件，果断采取适当的方法和措施，一般有以下几种方法和措施：

①如果开关或者按钮距离触电地点很近，应迅速关闭开关，切断电源。

②如果开关距离触电地点很远，可用绝缘手钳或用干燥木柄的铁锹、斧头等把电线切断。

③当导线搭在触电者身上或者压在身下时，可用干燥的木棍、木板或其他带有绝缘柄工具，（手握绝缘柄）迅速将电线挑开。

④如果人员在较高处触电，必须采取保护措施防止切断电源后触电者从高处摔下。

⑤如果触电者的衣服是干燥的，而且不紧缠在身上时，救护人员可站在干燥的木板上，或用干衣服、干围巾等把自己的手紧密的包裹起来，然后用这只手拉触电者的衣服，把他拉离带电体。

（2）应急救护

触电者脱离电源后，现场作业人员应立即向现场管理人员进行报告，并迅速组织抢救伤者。管理人员应立即拨打120急救电话，向医疗单位求救，并准备好车辆随时运送伤员到就近的医院救治。

抢救工作应依据不同情况采取正确的方法：

①触电者如神智清醒，应使其就地躺平，暂时不要站立或走动。

②触电者如神志不清，应就地仰面躺平，确保气道通畅，并用5s的时间间隔呼叫伤员或轻拍其肩部，以判断伤员是否意识丧失。禁止摆动伤员头部呼叫伤员。

③呼吸、心跳情况判断电伤员如意识丧生，应在10s内，用看、听、试的方法判断伤员呼吸情况，若既无呼吸又无动脉搏动，可判定呼吸心跳已停止，就要同时采取人工呼吸和胸外挤压的方法进行抢救。

（3）心肺复苏、人工呼吸正确做法

在医护人员未赶到现场时，由应急救援组和应急救护组配合对触电者进行心肺复苏及人工呼吸：

①确保抢救环境安全。

②在坚硬平(地)面上摆好仰卧体位,用压额提颏法打开气道,并清理口腔异物。

③判断有无呼吸,用一看二听三感觉的方法,时间10s。

④如没有呼吸,先进行人工呼吸,向气道内吹气2次。

⑤判断有无心跳(触摸大动脉),时间10s,后5s注意观察循环征象。

⑥判断心跳停止,立即胸外心脏按压。胸外按压位置应位于胸骨最下端上方3～4cm,胸骨的正中区,其次,按压人员应保持上身前倾,以髋关节为支点,双臂伸直,垂直向下将胸骨下压约4～5cm,然后放松,按压频率为每分钟100次。

⑦胸外心脏按压30次,人工呼吸2次,交替进行。连续操作4个循环后,检查一次呼吸和心跳,时间10s;前5秒检查呼吸,后5秒检查脉搏和观察循环征象。

⑧抢救工作一旦开始,中途不能停止,直到伤者苏醒或急救人员到达现场后才能停止。

(4)应急处置注意事项

①在抢救过程中要每隔数分钟用"一看、二听、三感觉"的方法再判断一次触电者的呼吸和脉搏情况,每次判断时间不得超过5～7s。

②在医务人员未到之前,现场不得停止抢救。

③不要随意移动触电者,如抢救过程中需要移动伤员,抢救中断时间不应超过30s。

④将触电者送往医院应使用担架,并在其背部垫上木板,不可让伤员身体蜷曲着进行搬运,移送途中应继续抢救。

⑤无论发生哪种类型、哪种方式的触电事故首先要立即切断电源,急救者切勿直接接触伤员,防止自身触电,影响抢救工作的进行。

习 题

(一)填空题

1.无论发生哪种类型、哪种方式的触电事故首先要立即( ),急救者切勿直接接触伤员,防止自身触电,影响抢救工作的进行。

2.当伤员脱离电源后,检查伤员的全身情况,特别是( )和( ),发现呼吸和心律停止时,应立即实施就地抢救。

3.若既无呼吸又无动脉搏动,可判定呼吸心跳已停止,就要同时采取( )和( )的方法进行抢救。

4.如没有呼吸,先进行人工呼吸,每次向呼吸道道内吹气( )次,胸外心脏按压( )次,交替进行。

(二)选择题

1.以下事项中容易引发触电事故原因有( )。

  A.安全用电意识薄弱   B.施工配电设施缺乏有效管理

  C.操作不规范   D.施工环境的影响

2.触电事故的特征有( )。

  A.低压设备触电事故率高   B.违章作业或误操作的触电事故率高

C. 送电线路不规范和配电器质量不合格　　　D. 触电事故的季节性明显

(三)判断题

1. 使触电者脱离电源时,如果开关或者按钮距离触电地点很近,应迅速关闭开关,切断电源,并应准备充足照明,以便进行抢救。　　　　　　　　　　　　　（　　）

2. 使触电者脱离电源时,如果开关距离触电地点很远,可用绝缘手钳或用干燥木柄的铁锹、斧头等把电线切断。　　　　　　　　　　　　　　　　　　　　　（　　）

3. 使触电者脱离电源时,如果人在较高处触电,必须采取保护措施防止切断电源后触电者从高处摔下。　　　　　　　　　　　　　　　　　　　　　　　　　（　　）

4. 使触电者脱离电源时,如果触电者的衣服是干燥的,而且不紧缠在身上时,救护人员可站在干燥的木板上,或用干衣服、干围巾等把自己的手紧密的包裹起来,然后用这只手拉触电者的衣服,把他拉离带电体。　　　　　　　　　　　　　　　　　（　　）

6.5　坍塌事故

6.5.1　坍塌事故概念及类别

坍塌是指物体在外力或重力的作用下,超过自身的强度极限或因结构稳定性破坏而造成伤害、伤亡的事故。坍塌事故是建筑工程施工中常见的一种事故类型,坍塌事故的常见形式有:

(1)基槽或基坑壁、边坡、洞室等土石方坍塌;

(2)地基基础悬空、失稳、滑移等导致上部结构坍塌;

(3)工程施工质量低劣造成建筑物倒塌;

(4)塔式起重机、脚手架、井架等设施倒塌;

(5)施工现场临时建筑物倒塌;

(6)现场材料等堆置物倒塌;

(7)大风等强力自然因素造成的倒塌。

6.5.2　坍塌事故原因分析

(1)工程结构设计不合理或计算失误。

(2)施工前没有编制切实可行的施工组织设计和专项施工方案,未做具体技术安全措施交底,超过一定规模的危大工程专项方案未经专家评审论证。

(3)脚手架、模板支撑、起重设备结构设计不合理或计算失误。

(4)建筑物结构质量低劣,安全性能差,地基不稳定发生不均匀沉降。

(5)建筑物结构支撑连接(焊接)不牢固,超载、外力冲击或严重偏心载荷造成失稳。

(6)脚手架及高大模板支架架体结构不符合设计与规范要求,整体安全稳定性差、超载或严重偏心荷载,遇外力冲击或振动,不按程序拆除架体等因素造成失稳。

(7)基坑、土石方挖土时土壁不按规定留设边坡(甚至负坡度),缺乏支护或支护不良、土质不良或出现地下水、地表水的渗透,土壁经不起重载侧压力或遇外力振动、冲击等因素造成土壁失稳滑坡坍塌。

(8)起重设备技术安全性能差,结构强度不够,安全防护装置不完善,垂直起重机与建筑物拉结差,出现超载、碰撞、升降过度或违章操作等原因,造成起重设备倒塌。

(9)现场作业环境不良,安全防护设施缺乏。

(10)施工现场管理松懈,各项质量、安全管理制度流于形式。

6.5.3 坍塌事故预防措施

(1)根据设计及规范要求,认真编制施工组织设计和专项施工技术方案、应急预案,做好专项方案专家论证及技术安全交底工作。

(2)支架、脚手架等搭设完成后应组织相关部门验收。支架还应按方案要求进行堆载预压。

(3)严格控制模板支架、脚手架等承受的荷载,模板、脚手架及其支撑体系的施工荷载应做到均匀分布,并不得超过设计要求。严禁超载、对构筑物进行外力冲击或偏心载荷。

(4)基坑、土石方挖土时土壁按规定留设边坡,严格按照设计坡度进行放坡开挖,进行有效支护和排水,并设置专人对边坡稳定性进行检测。基坑应基坑顶边缘1m范围内禁止堆放材料。

(5)加强起重设备管理,严禁使用不合格的起重设备,并定期进行检测,确保各项性能和安全防护装置良好;加强起重设备的安装、拆除管理;加强起重设备的使用管理,严禁超载、碰撞或违章操作;加强对起重设备操作人员、指挥人员、安拆人员的安全教育培训,考核合格后持证上岗。

(6)加强施工现场管理,设置有效安全防护设施。

(7)加强对从业人员的培训教育,提高队伍素质,强化安全意识。

(8)强化工程质量报验和检验、签证制度,不经检验合格,不准进行下道工序施工。

(9)发现坍塌事故的险情,要认真分析原因,积极研究提出排除隐患的整改措施,并监督执行。

6.5.4 坍塌事故应急处置

(1)坍塌事故发生后,施工作业人员立即报告现场负责人,现场负责人立即报告企业,并迅速组织救援,封锁周围危险区域,对未坍塌部位进行抢修、加固或者拆除,防止进一步坍塌。

(2)要迅速确定事故发生的准确位置、发生事故的初步原因,可能波及的范围、坍塌范围、核准人员人数、人员伤亡情况等,并按规定对事故进行逐级上报。

(3)事故现场周围应设警戒线,严禁让与应急抢险无关的人员进入。

(4)坍塌事故发生后,救援单位较多,现场情况复杂,各种力量需在现场总指挥的统一指挥下,积极配合、密切协同,共同完成。

(5)土方坍塌应根据具体情况,采取人工清除和机械拨土、打钻等相结合的方法,对坍塌现场进行处理,建立通风、通讯和供水通道。抢救中如遇到坍塌巨物,人工搬运有困难时,可调集大型的起重机进行调运。在接近边坡处时,必须停止机械作业,全部改用人工扒物,防止误伤被埋人员。现场抢救中,还要安排专人对边坡、架料进行监护和清理,防止事故扩大。

(6)如发生大型脚手架坍塌事故,必须立即划出事故特定区域,非救援人员未经允许不得进入特定区域。迅速核实脚手架上作业人数,如有人员被坍塌的脚手架压在下面,要立即采取可靠措施加固四周,然后拆除或切割压住伤者的杆件,将伤员移出。如脚手架太重可用吊车将架体缓缓抬起,以便救人。

(7)当施工人员发生身体伤害时,尽可能不要移动患者,尽量当场施救。如果处在不宜施救的场所时必须将患者搬运到能够安全施救的地方,搬运时应尽量多找些人来搬运,观察患者呼吸和脸色变化,如果是脊柱骨折,不要弯曲、扭动患者的颈部和身体,不要接触患者的伤口,要使患者身体放松,尽量将患者放到担架或平板上进行搬运。

(8)事故现场取证救助行动中,安排人员同时做好事故调查取证工作,以利于事故处理,防止证据遗失。

(9)救援人员应注意自身保护,在救助行动中,抢救机械设备和救助人员应严格执行安全操作规程,配齐安全设施和防护工具,加强自我保护,确保抢救行动过程中的人身安全和财产安全。

(10)在没有人员受伤的情况下,应根据实际情况对坍塌事故现场进行清理、加固或拆除,在确保人员生命安全的前提下,组织恢复正常施工秩序。

习　题

(一)填空题

基坑应基坑顶边缘(　　　)m 范围内禁止堆放材料。

(二)选择题

1.建筑施工过程中常见的坍塌事故有(　　　)。

    A.基坑(槽)坍塌　　　　　　　　　　B.基础桩壁坍塌

    C.模板支撑系统失稳坍塌　　　　　　D.建(构)筑物坍塌

    E.施工现场临时建筑(包括施工围墙)倒塌

2.坍塌事故的原因有(　　　)。

    A.建筑物结构支撑连接(焊接)不牢固

    B.支架架体结构不符合设计与规范要求

    C.超载或严重偏心荷载

    D.不按程序拆除架体

    E.基坑、土石方挖土时土壁不按规定留设边坡

3.救助人员应严格执行安全操作规程,配齐安全设施和防护工具,加强自我保护,确保抢救行动过程中的(　　　)安全。

    A.利益　　　　　　B.财产　　　　　　C.人身　　　　　　D.人身和财产

4.事故现场取证救助行动中,安排人员同时做好(　　　)工作,以利于事故处理,防止证

据遗失。

    A. 疏散人群   B. 事故调查取证   C. 保护财产   D. 维护形象

(三) 判断题

1. 严禁模板支架、脚手架超载或偏心载荷,严禁对构筑物进行外力冲击。   ( )

2. 坍塌是指物体在外力或重力的作用下,超过自身的强度极限或因结构稳定性破坏而造成伤害、伤亡的事故。   ( )

3. 当施工人员发生身体伤害时,急救人员应尽快赶往出事地点,并呼叫周围人员及时通知医疗部门,尽可能不要移动患者,尽量当场施救。   ( )

4. 土方坍塌事故根据具体情况,采取人工清除和机械拔土的救援方式,在接近救援目标时,必须停止机械作业,全部改用人工扒物,防止误伤被埋人员。   ( )

6.6 火灾事故

6.6.1 施工现场消防火灾防控特点

建筑工地与一般的厂、矿企业的火灾危险性有所不同,它主要有以下特点:

(1)易燃建筑物多:办公室、宿舍、厨房、工棚、仓库等多是临时建筑,而且场地狭小,毗邻施工现场,往往缺乏应有的安全防火间距,一旦起火容易蔓延成灾。

(2)易燃易爆材料多、用火多:施工现场到处可以看到易燃物,如木材、油毡、刨花、草帘子等。尤其在施工期间,电焊、气焊、喷灯等临时动火作业多,若管理不善,极易引起火灾。

(3)临时电气线路多,容易漏电起火。

(4)施工周期长、变化大:一般工程需要几个月或一年左右的施工周期,期间要经过备料,搭设临时设施、主体工程施工等不同阶段,随着工程进展,工种增多,因而也就会出现不同的隐患。

(5)人员流动大、交叉作业多:根据建筑施工生产工艺要求,工人经常处于分散流动作业,管理不便,火灾隐患不易及时发现。

(6)消防水源与消防通道不规范:建筑工地一般临时性消防水源不到位,有的施工现场因挖基坑、沟槽或临时地下管道,使消防通道遭到破坏,一旦发生火灾,消防车难以接近火场。

以上特点说明建筑工地火灾危险性大,稍有疏忽,就有可能发生火灾事故。

6.6.2 施工现场火灾风险

(1)焊接、切割作业由于制度不严、操作不当,安全设施落实不力而引起火灾。

①在焊接、切割作业中,炽热的金属火星到处飞溅,当接触到易燃、易爆气体或化学危险

物品,就会引起燃烧和爆炸。当金属火星飞溅到棉、麻、纱头、草席等物品,就可能阴燃、蔓延,造成火灾。

②建筑工地管线复杂,特别是地下管道、电缆沟,施工中进行立体交叉作业,电焊作业的现场或附近有易燃易爆物时,由于没有专人监护,金属火星落入下水道或电缆沟、或金属高温热传导,均易引起火灾。

③作业结束后遗留的火种没有熄灭,阴燃可燃物起火。

(2)随处吸烟,乱扔烟头。烟头的表面温度为 200~300℃,中心温度可达 700~800℃,一般多数可燃物质的燃点低于烟头的表面温度,如纸张、麻绒、布匹、松木等,烟头弹落时带有的火星落在比较干燥、疏松的可燃物上,会引起燃烧。

(3)电气线路短路或漏电,以及冬季施工用电热法保温不慎起火。

(4)石灰受潮发热起火。贮存的石灰,一旦遇到水或潮湿空气时,就会起化学作用变成熟石灰,同时放出大量热能,温度可达 800℃左右,遇到可燃材料时,极易起火。

(5)木屑自燃起火。在建筑工地,大量木屑往往堆积一处,在一定的积热量和吸收空气中的氧气适当条件下,就会自燃起火。

(6)仓库内的易燃物,如汽油、煤油、柴油、酒精等,触及明火就会燃烧起火。

(7)有的建筑物或者起重设备较高,无防雷设施时,电击可燃材料起火。

6.6.3 建筑防火

1)临时用房防火

(1)办公用房、宿舍的防火设计应符合下列规定:

①建筑构件的燃烧性能应为 A 级,当采用金属夹芯板材时,其芯材的燃烧性能等级应为 A 级。

②层数不应超过 3 层,每层建筑面积不应大于 300m²。

③层数为 3 层或每层建筑面积大于 200m² 时,应至少设置 2 部疏散楼梯,房间疏散门至疏散楼梯的最大距离不应大于 25m。

④单面布置用房时,疏散走道的净宽度不应小于 1m;双面布置用房时,疏散走道的净宽度不应小于 1.5m。

⑤疏散楼梯的净宽度不应小于疏散走道的净宽度。

⑥宿舍房间的建筑面积不应大于 30m²,其他房间的建筑面积不宜大于 100m²。

⑦房间内任一点至最近疏散门的距离不应大于 15m,房门的净宽度不应小于 0.8m;房间超过 50m² 时,房门净宽度不应小于 1.2m。

⑧隔墙应从楼地面基层隔断至顶板基层底面。

(2)发电机房、变配电房、厨房操作间、锅炉房、可燃材料库房和易燃易爆危险品库房的防火设计应符合下列规定:

①建筑构件的燃烧性能等级应为 A 级。

②层数应为 1 层,建筑面积不应大于 200m²。

③可燃材料库房单个房间的建筑面积不应超过 30m²,易燃易爆危险品库房单个房间的

建筑面积不应超过 20m^2。

④房间内任一点至最近疏散门的距离不应大于 10m，房门的净宽度不应小于 0.8m。

（3）其他防火设计应符合下列规定：

①宿舍、办公用房不应与厨房操作间、锅炉房、变配电房等组合建造。

②会议室、文化娱乐室等人员密集的房间应设置在临时用房的第一层，其疏散门应向疏散方向开启。

2）在建工程防火

（1）在建工程作业场所的临时疏散通道应采用不燃或难燃材料建造，并应与在建工程结构施工同步设置，也可利用在建工程施工完毕的水平结构、楼梯。

（2）在建工程作业场所临时疏散通道的设置应符合下列规定：

①疏散通道的耐火极限不应低于 0.5h。

②设置在地面上的临时疏散通道，其净宽度不应小于 1.5m；利用在建工程施工完毕的水平结构、楼梯作临时疏散通道时，其净宽度不宜小于 1.0m；用于疏散的爬梯及设置在脚手架上的临时疏散通道，其净宽度不应小于 0.6m。

③临时疏散通道为坡道，且坡度大于 25°时，应修建楼梯或台阶踏步或设置防滑条。

④临时疏散通道不宜采用爬梯，确需采用时，应采取可靠固定措施。

⑤临时疏散通道的侧面如为临空面，应沿临空面设置高度不小于 1.2m 的防护栏杆。

⑥临时疏散通道设置在脚手架上时，脚手架应采用不燃材料搭设。

⑦临时疏散通道应设置明显的疏散指示标识。

⑧临时疏散通道应设置照明设施。

（3）既有建筑进行扩建、改建施工时，必须明确划分施工区和非施工区。施工区不得营业、使用和居住；非施工区继续营业、使用和居住时，应符合下列规定：

①施工区和非施工区之间应采用不开设门、窗、洞口的耐火极限不低于 3h 的不燃烧体隔墙进行防火风隔。

②非施工区内的消防设施应完好和有效，疏散通道应保持畅通，并应落实日常值班及消防安全管理制度。

③施工区的消防安全应配有专人值守，发生火情应能立即处置。

④施工单位应向居住和使用者进行消防宣传教育，告知建筑消防设施、疏散通道位置及使用方法，同时应组织疏散演练。

⑤外脚手架搭设不应影响安全疏散、消防车正常通行及灭火救援操作，外脚手架搭设长度不应超过该建筑物外立面周长的二分之一。

（4）外脚手架、支模架等的架体宜采用不燃或难燃材料搭设，下列工程的外脚手架、支模架的架体，应采用不燃材料搭设：

①高层建筑。

②既有建筑的改造工程。

（5）下列安全防护网应采用阻燃型安全防护网：

①高层建筑外脚手架的安全防护网。

②既有建筑外墙改造时,其外脚手架的安全防护网。

③临时疏散通道的安全防护网。

(6)作业场所应设置明显的疏散指示标志,其指示方向应指向最近的临时疏散通道入口。

(7)作业层的醒目位置应设置安全疏散示意图。

6.6.4　火灾应急处置

1)火灾临界状态的响应

当发现糊味、烟味、不正常热度时,应马上寻找产生上述异常情况的具体部位,一旦发现火情,视火情的严重情况进行以下操作:

(1)局部轻微起火,不危及人员安全、可以马上扑灭的,立即进行扑灭。

(2)局部起火,可以扑灭但有可能蔓延扩大的,在不危及人员安全的情况下,一方面向现场管理人员汇报,一方面立即通知周围人员参与灭火,防止火势蔓延扩大。

(3)火势开始蔓延扩大,不可能马上扑灭的,按照以下情况处理:

①现场管理人员立即进行人员的紧急疏散,指定安全疏散地点,由安全员负责清点疏散人数,发现有缺少人员的情况时,立即通知项目经理或者消防人员。

②现场管理人员立马向公司汇报。

③现场管理人员立即拨打消防报警电话 119 ,报告以下信息:单位名称、地址、火灾情况、联系电话等,在回答了 119 的询问后方可放下话筒,并派人在路口接应消防车。

④若有人员受伤,立即送往医院或拨打 120 救护电话与医院联系。

2)应急救援

火灾应急救援应按照先保人身安全,再保护财产的优先顺序进行,使损失和影响减到最小。原则如下:

(1)救人重于救火:火场上如果有人受到火势威胁,首要任务是把被火围困的人员抢救出来。

(2)先控制、后消灭:对于不可能立即扑灭的火灾,要首先控制火势的继续蔓延扩大,在具备了扑灭火灾的条件时,展开攻势,扑灭火灾。

(3)先重点、后一般:全面了解并且认真分析整个火场的情况,分清重点。

①人和物相比,救人是重点;

②有爆炸、毒害、倒塌危险的方面和没有这些危险的方面相比,处置有这些危险的方面是重点;

③易燃、可燃物集中区域和这类物品较少的区域相比,这类物品集中区域是保护重点;

④贵重物资和一般物资相比,保护和抢救贵重物资是重点;

⑤火势蔓延猛烈的方面和其他方面相比,控制火势蔓延的方面是重点;

⑥火场上的下风方向与上风、侧风方向相比,下风方向是重点;

⑦要害部位和其他部位相比,要害部位是火场上的重点。

3) 灭火基本常识

(1) 隔离法:这是一种消除可燃物的方法。

(2) 窒息法:阻止空气流入燃烧区,减少空气中氧气的含量,使火源得不到足够的氧气而熄灭。

(3) 冷却法:用水或其他灭火剂喷射到燃烧物上,将燃烧物的温度降低到燃点以下,迫使物质燃烧停止;或将水和灭火剂喷洒到火源附近的可燃物上,降低可燃物温度,避免火情扩大。

对突然发生的比较轻微的火情,应掌握简便易行的,应付紧急情况的方法。

①水是最常用的灭火剂,木头、纸张、棉布等起火,可以直接用水扑灭。

②用土、沙子、浸湿的棉被或毛毯等迅速覆盖在起火处,可以有效地灭火。

③用扫帚、拖把等扑打,也能扑灭小火。

④油类、酒精等起火,不可用水去扑救,可用沙土或浸湿的棉被迅速覆盖。

⑤煤气起火,可用湿毛巾盖住火点,迅速切断气源。

⑥电器起火,不可用水扑救,也不可用潮湿的物品捂盖。水是导体,这样做会发生触电。正确的方法是首先切断电源,然后再灭火。

习　题

(一) 填空题

1. 施工现场临时用房层数不应超过(　　　)层,每层建筑面积不应大于(　　　)m²。

2. 单面布置临时用房时,疏散走道的净宽度不应小于(　　　)m;双面布置用房时,疏散走道的净宽度不应小于1.5m。

3. 房间内任一点至最近疏散门的距离不应大于(　　　)m,房门的净宽度不应小于0.8m。

4. 临时疏散通道的侧面如为临空面,应沿临空面设置高度不小于(　　　)m的防护栏杆。

5. 局部轻微起火,不危及人员安全、可以马上扑灭的(　　　)进行扑灭。

6. 局部起火,可以扑灭但有可能蔓延扩大的,在不危及人员安全的情况下,一方面立即通知周围人员参与灭火,一方面向(　　　)汇报。

7. 火灾应急救援相应按照先保(　　　)再保护财产的顺序进行,使损失和影响减到最小。

8. 人和物相比,救(　　　)是重点。

9. 水是最常用的灭火剂,木头、纸张、棉布等起火,可以直接用(　　　)扑灭。

(二) 选择题

1. 施工现场消防火灾防控特点(　　　)。

　A. 易燃建筑物多　　　　　　　　　B. 易燃易爆材料多、用火多

　C. 临时电气线路多容易漏电起火　　D. 施工周期长、变化大

　E. 人员流动大、交叉作业多

2.施工现场火灾风险有(　　　)。

　　A.焊接、切割作业　　　　　　　　　B.随处吸烟乱扔烟头

　　C.电气线路短路或漏电　　　　　　　D.石灰受潮发热起火

　　E.木屑自燃起火　　　　　　　　　　F.仓库内的易燃物

　　G.无防雷设施时,电击可燃材料起火

3.灭火的方法有(　　　)。

　　A.隔离法　　　　　　　　B.窒息法　　　　　　　　C.冷却法

(三)判断题

1.用土、沙子、浸湿的棉被或毛毯等迅速覆盖在起火处,可以有效地灭火。　　　(　　)

2.用扫帚、拖把等扑打,也能扑灭小火。　　　(　　)

3.油类、酒精等起火,可以用水去扑救,也可用沙土或浸湿的棉被迅速覆盖。　　　(　　)

4.煤气起火,可用湿毛巾盖住火点,迅速切断气源。　　　(　　)

5.电器起火,不可用水扑救,也不可用潮湿的物品捂盖。　　　(　　)

6.电器起火正确的灭火方法是首先切断电源,然后再灭火。　　　(　　)

第 7 章

典型安全生产事故
案例分析

7.1 "5·10"高处坠落事故案例剖析及经验教训

2019年5月10日12:35分许,乌鲁木齐市一施工工地发生一起高处坠落事故,事故造成1人死亡。

7.1.1 事故现场勘验情况

经现场勘验,事故现场位于项目10号楼北侧。距离主体东侧14.59m,楼体南侧1.5m处有一块0.25m×0.16m的外缘不规则血迹。该血迹距离主体南侧脚手架外侧0.22m,与四层地面模板基准面垂直高度8.5m,主体外脚手架最高点与地面垂直高度10.5m。

7.1.2 事故经过及救援情况

(1)事故发生经过

2019年5月10日08:00左右,在项目施工工地,劳务公司混凝土班组长安排工人清理10号楼主体内外的建筑垃圾。

当日12:35左右,一名工人佩戴安全帽、安全带在10号楼东北侧外脚手架攀爬作业时不慎坠落。正在10号楼四层作业的工友听到"啊"的一声,便闻声从外脚手架向下查看,发现一名工人侧躺在外架手架旁的地面上。

(2)事故救援情况

工友迅速赶至地面,发现死者左侧头部出血,呼吸微弱,拨打了120急救电话。当日14:30分许,经抢救无效死亡。

事故发生后,施工总承包单位未及时将事故上报行业主管部门和安全生产监督管理部门,且未有效保护事故现场。当日15:40分左右,相关部门接到信息,并赶赴事故现场。

7.1.3 事故造成的人员伤亡和直接经济损失

(1)死亡人员情况:男,汉族,现年24岁,属劳务公司从业人员,2019年4月30日进入该项目施工工地,从事混凝土工种工作(进入工地仅仅10天时间)。

(2)直接经济损失情况:此次事故造成的直接经济损失约98万元人民币。

7.1.4 事故发生原因和事故性质

(1)直接原因

死者在高处临边作业时,违反《建筑施工高处作业安全技术规范》(JGJ 80—2016)第3.0.5条,未正确佩戴和使用高处作业安全防护用品,导致从高处坠落,是事故发生的直接原因。

（2）间接原因

①总承包单位安全管理责任落实不到位，对劳务分包单位及从业人员未有效进行管理；对施工现场安全管理工作缺失，事故发生当日项目经理在外地出差，安全员外派培训，管理人员均不在岗，施工现场处于无人监管状态。

②总承包单位未有效开展教育培训工作，未能有效保证从业人员具备必要的安全生产知识和熟悉有关的安全生产规章制度、安全操作技能；未能有效开展隐患排查工作，及时发现和制止现场作业人员的违章、违规行为。

③劳务公司安全管理责任落实不到位；未严格按要求对从业人员进行"三级"安全教育培训工作，部分教育培训仅通过口头叮嘱等形式简单开展；未按照《建筑施工企业安全生产管理机构设置及专职安全生产管理人员配备办法》相关要求配备足够的安全员。

（3）事故性质

经事故调查组全面调查和综合分析，认定"5·10"高处坠落事故是一起一般安全生产责任事故。

7.1.5 责任追究

（1）对事故单位的处理意见

总承包单位安全管理责任不到位；对从业人员的安全生产教育培训工作不落实；未有效开展隐患排查工作，及时消除生产安全事故隐患，给予罚款28万元人民币的行政处罚。

劳务公司安全管理责任不到位；对从业人员未有效进行安全教育培训工作；未有效开展隐患排查工作，及时消除生产安全事故隐患，给予罚款21万元人民币的行政处罚。

（2）对事故个人的处理意见

①死者，在高处临边作业时，未有效使用安全防护用品，导致从高处坠落，该行为违反《建筑施工高处作业安全技术规范》（JGJ 80—2016），对此次事故的发生负有直接责任。鉴于已在事故中死亡，不予追究其责任。

②总承包单位项目经理，安全生产管理职责履行不到位，对施工现场安全管理工作缺失；未有效开展安全生产教育和培训工作；未及时排查生产安全事故隐患并督促落实整改措施，对此次事故的发生负有领导责任，建议移送司法机关追究刑事责任。

③施工总承包单位生产经理，安全生产管理职责履行不到位，在项目经理出差期间，未能对施工现场进行有效的安全管理，未能对安全管理人员进行合理的调剂分配；未根据本单位的生产经营特点，督促、检查安全生产工作，未能及时、有效消除生产安全事故隐患，处10892.81元人民币罚款的行政处罚。

④劳务公司项目负责人，作为该项目的安全生产主要责任人，安全生产管理职责履行不到位，未根据本单位的生产经营特点，督促、检查安全生产工作，未能及时、有效消除生产安全事故隐患，处15645.60元人民币罚款的行政处罚。

(3)对其他责任人的处理意见

施工总承包单位安全员王某、冯某某,劳务公司安全员孙某某、混凝土班组长蒋某某安全生产责任意识不强,对项目现场监管不到位,对此次事故的发生负有责任。建议相关单位参照有关法律、法规和公司内部规章制度给予相应处理。

习　　题

(一)选择题

1. (　　)、触电、物体打击、机械伤害和坍塌五类伤亡事故统称为"五大伤害"。

    A. 职业伤害　　　　　　B. 灼伤　　　　　　C. 高处坠落　　　　　　D. 食物中毒

2. 正确使用安全带,要求不准将安全绳打结使用、要把安全带挂在牢靠处和应(　　)。

    A. 高挂高用　　　　　　B. 低挂高用　　　　　C. 低挂低用　　　　　D. 高挂低用

3. "5·10"事故的类型属于(　　)。

    A. 高处坠落　　　　　　B. 物体打击　　　　　C. 机械伤害　　　　　D. 坍塌事故

4. "5·10"高处坠落事故级别属于(　　)事故。

    A. 特别重大　　　　　　B. 重大　　　　　　　C. 较大　　　　　　　D. 一般

5. "5·10"高处坠落事故中,总承包单位项目经理将被司法机关追究(　　)责任。

    A. 民事　　　　　　　　B. 行政　　　　　　　C. 刑事

(二)判断题

1. "5·10"高处坠落事故中,死者未正确佩戴和使用高处作业安全防护用品,导致从高处坠落,是事故发生的直接原因。　　　　　　　　　　　　　　　　　　　　(　　)

2. 总承包单位未有效开展教育培训工作,未能有效保证从业人员具备必要的安全生产知识和熟悉有关的安全生产规章制度、安全操作技能是事故间接原因之一。(　　)

3. 劳务公司未严格按要求对从业人员进行"三级"安全教育培训工作,部分教育培训仅通过口头叮嘱等形式简单开展是事故间接原因之一。　　　　　　　　　(　　)

4. 总承包单位项目经理对"5·10"高处坠落事故的发生负有领导责任。　　(　　)

5. "5·10"高处坠落事故中,混凝土班组长蒋某某安全生产责任意识不强,对项目现场监管不到位,对此次事故的发生负有责任。　　　　　　　　　　　　　　(　　)

6. "5·10"高处坠落事故中,死者违规作业,对事故的发生负有直接责任。　(　　)

7.2　"8·23"物体打击事故案例剖析及经验教训

2019年8月23日08:30许,乌鲁木齐市一建筑施工工地发生一起物体打击事故,造成1人死亡。

7.2.1 事故现场勘验情况

经现场勘验,该项目6号楼分为东、西两个单元,东单元已完成第19层顶板建模、西单元在进行第20层顶板浇筑。东、西单元连接处北侧为采光井,长3.4m,宽1.2m,上下贯穿整个楼体。事故中心现场位于该采光井19层地面标高下1.45m处的外脚手架,脚手架呈南北走向,脚手架南端剪刀撑交叉点可见条状木头屑。脚手架搭有一块长3.5m、宽0.9m的脚手板。距离脚手板南端0.8m处有一块0.33m×0.28m的外缘不规则血迹。血迹北侧0.42m处有一个铁质桶和胶皮桶,分别装有蝴蝶扣和散水泥。脚手板上方悬挂有一条绝缘线缆,脚手板南侧紧靠东、西单元伸缩缝,该伸缩缝宽0.3m。西单元第19层伸缩缝东外墙墙面纵向留有13排PVC穿墙管,每排间距0.56m,穿墙管突出墙面0.03m,北端4排穿墙管完好,其余各排穿墙管有不同程度的损坏。穿墙管下方左右两端各有两块固定于墙体的木方,木方长0.6m、宽0.06m、厚0.04m,其中北侧木方外端约五分之一处有断裂痕迹。第15层伸缩缝处可见一块南低北高、呈斜45度悬空状态的方钢加固复合木质模板,该模板长7m、宽3m、厚0.06m,重量约800kg。模板南端下方有一块缺失,长9.3cm、宽2.3cm,距离该破损点0.38m处有两根直径2.0cm的螺纹钢,间距0.04m,突出模板边缘0.11m,其中下方螺纹钢0.065m处至外端区域沾满血迹。

7.2.2 事故经过及救援情况

(1)事故发生经过

2019年8月19日,项目6号楼19层西单元伸缩缝东侧外墙模板在合模时,由于预留的穿墙钢筋孔不在同一水平线,项目部临时采用了木方做底部支撑。8月20日21:00左右,该外墙进行了混凝土浇筑。次日09:00时左右,模板完成脱模,与墙体完全脱离,劳务公司未设置防倾覆的临时固定设施。

8月23日07:30左右,木工班组进入6号楼实施作业,刘某某进行采光井东侧18层与19层之间外墙模板的支模加固工作。当日08:30左右,支撑西单元19层模板的北侧木方发生断裂,致使该模板发生倾倒,在此过程中,模板北侧上端外露的钢筋插入正在脚手架南端作业的刘某某左侧身体内。随后,模板坠落至第15层伸缩缝处。

附近的工友听到响声后立即赶到现场,木工颜某某看见受伤的刘某某头朝南,面部朝下,颈部挂在一条绝缘电缆上,上半身悬空于脚手架之外,下半身在脚手板上。

(2)事故救援情况

现场作业人员迅速通知相关人员并拨打了120急救电话,随后将刘某某运到地面,经120急救人员现场确认,刘某某已死亡。

7.2.3 事故造成的人员伤亡和直接经济损失

(1)死亡人员情况

刘某某,男,汉族,现年50岁,劳务公司从业人员,从事木工工作。

（2）直接经济损失情况

此次事故造成的直接经济损失约 118 万元人民币。

7.2.4　事故发生原因和事故性质

（1）直接原因

总承包单位项目部违反《建筑施工模板安全技术规范》（JGJ 162—2008）第 7.1.12 条（拆模如遇中途停歇，应将已拆松动、悬空、浮吊的模板或支架进行临时支撑牢固或相互连接稳固，对活动部件必须一次拆除）规定，在模板脱模后，未及时吊离，且未设置防倾覆的临时固定设施，木方断裂后造成模板坠落，是事故发生的直接原因。

（2）间接原因

①总承包单位项目部违反《建筑施工模板安全技术规范》（JGJ 162—2008）规定，未对从事模板作业的人员进行经常性安全技术培训、未设专人负责模板施工安全检查；未有效开展隐患排查工作，未及时发现和制止现场作业人员的违章行为。模板脱模后的两天时间中，项目部未排查出模板未设置防倾覆的临时固定设施等隐患。

②劳务公司安全管理责任落实不到位；未严格按照《模板（专项）施工方案》进行施工；模板施工作业未按要求进行技术交底；未有效开展隐患排查工作，未及时发现和制止模板施工人员的违规行为；未有效开展教育和培训工作，使从业人员熟悉和掌握安全操作规程和技能。

（3）事故性质

经事故调查组全面调查和综合分析，认定"8·23"物体打击事故是一起一般安全生产责任事故。

7.2.5　事故单位和相关责任人员的处理建议

（1）对事故单位的处理意见

总承包单位安全管理责任不到位；项目施工现场存在违章作业，在开展隐患排查工作当中，未有效采取技术、管理措施，及时消除生产安全事故隐患；未向从业人员告知作业场所和工作岗位存在的危险因素、防范措施，未有效开展教育和培训工作，使从业人员熟悉和掌握安全操作规程和技能，对此次事故的发生负有主要责任。根据《安全生产法》规定，建议由区应急管理局对总承包单位给予罚款 49 万元人民币的行政处罚。

劳务公司安全管理责任落实不到位；对从业人员未有效开展安全教育培训工作；未有效开展隐患排查工作，及时消除生产安全事故隐患，对此次事故的发生负有次要责任。依据《安全生产法》规定，给予罚款 25 万元人民币的行政处罚。

（2）对事故个人的处理意见

①尹某某项目的安全生产责任人，未依法履行安全生产职责，未检查施工项目的安全生产状况，未及时排查生产安全事故隐患；未督促落实施工项目安全生产整改措施，对此次事故的发生负有领导责任。依据《中华人民共和国刑法》《安全生产法》相关规定，建议移送司法机关追究刑事责任。

②马某某，总承包单位法定代表人，安全生产管理职责履行不到位，未督促、检查本单位

的安全生产工作,及时消除生产安全事故隐患,对此次事故的发生负有领导责任,依据《安全生产法》规定,处74242.80元人民币罚款的行政处罚。

③徐某某,劳务公司法定代表人,安全生产管理职责履行不到位,未根据本单位的生产经营特点,督促、检查安全生产工作,未能及时、有效消除生产安全事故隐患,对此次事故的发生负有领导责任。依据《安全生产法》规定,处以21600.00元人民币罚款的行政处罚。

④武某,总承包单位工程总承包部部长,安全生产管理职责履行不到位;未检查本单位的安全生产状况,及时排查生产安全事故隐患,并提出安全管理的建议,对此次事故的发生负有领导责任。依据《安全生产法》规定,处以34207.20元人民币罚款的行政处罚。

⑤于某,总承包单位工程总承包部副部长,处以34387.20元人民币罚款的行政处罚。

⑥史某某,劳务公司劳务队队长,安全生产管理职责履行不到位;未督促、检查项目部的安全生产工作,未及时排查生产安全事故隐患并督促落实整改措施;对从业人员未有效开展安全生产教育和培训工作,处以18000.00元人民币罚款的行政处罚。

习　　题

(一)选择题

1. "8·23"事故的类型属于(　　　)事故。

    A. 触电　　　　　　　B. 高空坠落　　　　　　C. 物体打击　　　　　　D. 爆炸

2. "8·23"物体打击事故的级别属于(　　　)安全生产责任事故。

    A. 特别重大　　　　　B. 特殊　　　　　　　　C. 重大　　　　　　　　D. 一般

3. 事故中伤亡人员的工种属于(　　　)。

    A. 普工　　　　　　　B. 钢筋工　　　　　　　C. 模板工　　　　　　　D. 木工

4. 以下哪项措施能避免或减轻物体打击伤害(　　　)。

    A. 佩戴安全帽　　　　　　　　　　　　　B. 系挂安全带

    C. 上下传递物件时抛掷　　　　　　　　　D. 搭设安全网

5. 该起事故的直接原因是(　　　)。

    A. 在模板脱模后未及时吊离,且未设置防倾覆的临时固定设施,木方断裂后造成模板坠落

    B. 项目部未排查出模板未设置防倾覆的固定设施等隐患

    C. 模板施工作业未按要求进行技术交底

    D. 使从业人员未熟悉和掌握安全操作规程和技能

6. 该起事故中的相关人员是否进行了完整有效的安全教育培训?(　　　)

    A. 是　　　　　　　　　　　　　　　　　B. 否

(二)判断题

1. 总承包单位安全管理责任不到位;项目施工现场存在违章作业,在开展隐患排查工作当中,未有效采取技术、管理措施,及时消除生产安全事故隐患;未向从业人员告知作业场所和工作岗位存在的危险因素、防范措施,未有效开展教育和培训工作,使从业人员熟悉和掌

握安全操作规程和技能对此次事故的发生负有主要责任。 （　　）

2. 劳务公司安全管理责任落实不到位；对从业人员未有效开展安全教育培训工作；未有效开展隐患排查工作，及时消除生产安全事故隐患，对此次事故的发生负有次要责任。 （　　）

3. 项目的安全生产责任人尹某某未依法履行安全生产职责，未检查施工项目的安全生产状况，未及时排查生产安全事故隐患；未督促落实施工项目安全生产整改措施，对此次事故的发生负有领导责任。 （　　）

4. 总承包单位法定代表人马某某安全生产管理职责履行不到位，未督促、检查本单位的安全生产工作，及时消除生产安全事故隐患，对此次事故的发生负有领导责任。 （　　）

5. 劳务公司劳务队队长史某某，安全生产管理职责履行不到位，未督促、检查项目部的安全生产工作，未及时排查生产安全事故隐患并督促落实整改措施；对从业人员未有效开展安全生产教育和培训工作，对此次事故的发生负有管理责任。 （　　）

7.3 "4·14"触电事故案例剖析及经验教训

2020年4月14日12时40分左右，乌鲁木齐市一项目现场发生一起触电事故，造成一人死亡，直接经济损失：147.2万元。

7.3.1 事故发生经过

2020年4月14日上午，项目施工现场钻探机组人员驾驶新钻探车进行钻探作业，鲁某某负责车辆驾驶，张某某负责钻机操作，王某某辅助钻机作业，当天12时30分左右完成第一个探点钻孔，司机鲁某某询问该标段负责人廖某某："下一个孔在哪里？"，廖某某回复："前面有两个坑已挖好，打哪一个都行"，司机鲁某某将车开往BFZ-16号探点撑起支架，张某某站在钻探车北侧靠近车尾处操作液压机开始升起钻塔，钻塔快到位时，张某某感觉操作握住刹车金属手柄的右手突然被粘住，左腿麻木，他奋力挣脱，并大喊"中电了，中电了"，钻车塔架与上方高压线产生电弧造成车体带电，站在地面靠在钻车南侧尾部的王某某身体经过电流，人和大地形成回路，此时司机鲁某某发现王某某站立不动身体抽搐就急忙大喊"快落塔、快落塔"，听到喊声的张某某急忙操作阀台（阀台手柄有橡胶绝缘套）下落钻架距高压线1m左右位置。

7.3.2 事故救援及处置情况

事故发生后，在附近干活的陈某某和司机鲁某某赶到王某某身旁将其放倒后两人轮流对其进行人工呼吸施救，不久得到消息的廖某某赶到现场参与施救，同时拨打120急救电话和110报警电话。13时左右，警车到达现场，14时左右120急救车到达现场，经医生检查王某某已无生命体征。

7.3.3　事故勘验、鉴定情况

（1）事故现场编号 BFZ-16 号探孔已经人工下挖深 2.5m，宽 0.4m，长 0.7m 的探坑，用来排查地下是否有管道、电缆、光缆等设施（图 7-1）。

（2）钻探孔正上方是 10kV 电力线，塔架高度超过架空电力线高度（图 7-2）。

图 7-1　事故现场探坑

图 7-2　塔架与电力线位置图

（3）现场施钻车辆（图 7-3）。

（4）钻机操作阀台位于汽车左侧后方，阀台操作杆上有绝缘胶套，塔架卷扬器手刹上无绝缘防护（图 7-4）。

图 7-3　现场施钻车辆

图 7-4　钻机操作阀台

（5）事故现场勘验和相关人员笔录以及相关资料调查技术分析：

①勘察单位施工现场管理上存在较大漏洞。事故现场编号 BFZ-16 号孔（里程 K37 + 723 右 33M，坐标 E478520.14　N4886672.5）在某已贯通 10kV 电力线正下方定点，已经人工下挖探坑 2.5m，计划钻孔深度 20m，勘察单位违反《电力设施保护条例》第十七条第（一）项"任何单位或个人必须经县级以上地方电力管理部门批准，并采取安全措施后，方可在架空电力线路保护区内进行农田水利基本建设工程及打桩、钻探、开挖等作业"；和《施工现场临时用电安全技术规范（附条文说明）》JGJ 46—2005 第 3.1.1 条"在建工程不得在高、低压线路下方施工，高低压线路下方，不得搭设作业棚、建造生活设施，或堆放构件、架具、材料及其他杂物等"的规定；以及本单位《中铁第一勘察设计院集团有限公司勘察作业安全规则》

中第二十四条第 1 项:在高压线附近钻探时,钻架或金属机具,物件距高压线的距离不得小于表 7-1 要求。

线路电压与物件距离 表 7-1

线路电压(kV)	20 以下	35 ~ 110	154 ~ 220
距离(m)	5	10	15

②设备租赁单位对业务安全管理上无任何规章制度可寻,未建立任何安全管理制度及操作规程;无管理痕迹,对其所雇佣的从业人员缺乏基本的技能培训和安全意识教育,致使未经培训合格的钻机操作人员进入岗位实施钻探作业,为此次事故埋下了隐患。

③勘察单位自 4 月 5 日开工至事故发生时段,无隐患排查管理痕迹,现场负责人廖某某未认真履行安全生产管理职责,对施工现场事故隐患检查不到位;未辨识出高压线下钻探点施钻风险,未能及时停止钻探,制止施钻机组进入危险区域作业。

④此次事故中无论是勘察单位还是设备租赁单位都没有认真落实对于从业人员或进场人员安全操作技能的培训、审核和验证这项最基本的工作,项目开工以来,钻探机组未接受过安全教育和技术培训以及安全技术交底。

7.3.4　事故造成的人员伤亡和直接经济损失

(1)伤亡人员情况:事故造成 1 人死亡,死者:王某某,男、汉族、49 岁,设备租赁公司公司雇佣工人。

(2)直接经济损失:共计 147.2 万元人民币。

7.3.5　事故发生原因和事故性质

(1)直接原因

设备租赁公司钻机操作工张某某,在操作钻机起架作业前未对作业环境进行危险辨识,盲目进行起架作业,使钻架与上方的电力线发生电弧,造成钻车整体带电,导致靠在车上的作业人员王某某受到电击死亡,是该起事故发生的直接原因。

(2)间接原因

①勘察单位作为项目的管理方,违反了《电力设施保护条例》第十七条第(一)项"任何单位或个人必须经县级以上地方电力管理部门批准,并采取安全措施后,方可在架空电力线路保护区内进行农田水利基本建设工程及打桩、钻探、开挖等作业"和《施工现场临时用电安全技术规范(附条文说明)》(JGJ 46—2005)第 3.1.1 条"在建工程不得在高、低压线路下方施工,高低压线路下方,不得搭设作业棚、建造生活设施,或堆放构件、架具、材料及其他杂物等"的规定,在某已贯通 10 千伏电力线下设置钻探点进行钻探作业,是造成此次事故发生的间接原因之一。

②勘察单位对作业现场疏于安全管理,未能及时发现高压线下作业隐患,未对事故施工项目制定安全作业方案,未按照规定对进场人员进行安全生产教育培训和安全技术交底,是造成此次事故发生的间接原因之二。

③设备租赁公司作为钻机出租方,对业务安全管理上无任何规章制度可寻,未建立任何安全管理制度及操作规程;无管理痕迹,对其所雇佣的从业人员缺乏基本的技能培训和安全意识教育,致使未经培训合格的钻机操作人员进入岗位实施钻探作业,是造成此次事故发生的间接原因之三。

④项目现场负责人廖某某,未认真履行安全生产管理职责,对施工现场事故隐患检查不到位;未辨识出高压线下钻探点施钻风险,未能及时停止钻探,制止施钻机组进入危险区域作业,是造成此次事故发生的间接原因之四。

(3)事故性质

通过调查分析,认定该事故是一起由于企业安全管理不到位,现场作业环境存在安全隐患,作业人员安全意识淡漠,违章作业而引发的安全生产责任事故。

7.3.6 事故责任划分及处理建议

(1)对事故责任单位行政处罚的建议

①勘察单位作为事故项目的管理方,对该起事故发生负有责任,依据《中华人民共和国安全生产法》之规定,给予罚款 30 万元人民币的行政处罚。

②设备租赁公司对该起事故发生负有责任,依据《中华人民共和国安全生产法》之规定,给予罚款 25 万元人民币的行政处罚。

(2)对相关责任人员的处罚建议

①张某某,设备租赁公司雇佣的钻机操作工,在操作钻机起架作业前未对作业环境进行危险辨识,盲目进行起架作业,使钻架与上方的电力线接触造成钻车整体带电导致靠在车上的作业人员王某某受到电击死亡,对事故发生负有直接责任,建议移交司法机关追究其刑事责任。

②庄某某,勘察单位董事长、法定代表人,未认真履行安全生产管理职责,未对进入施工项目标段的从业人员实施安全教育和培训,未认真督促、检查本单位的安全生产工作,未及时消除生产安全事故隐患,对事故发生负有管理责任,依据《中华人民共和国安全生产法》之规定,给予罚款 84106 人民币的行政处罚。

③江某,勘察单位企业安全生产分管负责人,廖某某,现场负责人,对事故发生负有管理责任,依据公司的规章制度进行处理。

④刘某某,设备租赁公司法定代表人,对事故发生负有管理责任,依据《中华人民共和国安全生产法规定,给予罚款 9 万元人民币的行政处罚。

习　　题

(一)选择题

1."4·14 事故"事故类型属于(　　)事故。

 A.高处坠落   B.物体打击   C.触电   D.坍塌

2."4·14 事故"机械伤害事故的等级属于(　　)安全生产责任事故。

 A.特别重大   B.重大   C.较大   D.一般

3. 该起事故的直接原因是( )。

    A. 操作钻机起架作业前未对作业环境进行危险辨识,盲目进行起架作业

    B. 钻架与上方的电力线发生电弧,造成钻车整体带电,导致靠在车上的作业人员王某某受到电击死亡

4. 该起事故中的相关人员是否进行了完整有效的安全教育培训?( )

    A. 是   B. 否

(二)判断题

1. 任何单位或个人必须经县级以上地方电力管理部门批准,并采取安全措施后,方可在架空电力线路保护区内进行农田水利基本建设工程及打桩、钻探、开挖等作业。 ( )

2. 在建工程不得在高、低压线路下方施工,高低压线路下方,不得搭设作业棚、建造生活设施,或堆放构件、架具、材料及其它杂物等。 ( )

3. 勘察单位无隐患排查痕迹,现场负责人廖某某未认真履行安全生产管理职责,对施工现场事故隐患检查不到位;未辨识出高压线下钻探点施钻风险,未能及时停止钻探,制止施钻机组进入危险区域作业。 ( )

4. 此次事故中无论是勘察单位还是设备租赁单位都没有认真落实对于从业人员或进场人员安全操作技能的培训、审核和验证这项最基本的工作,项目开工以来,钻探机组未接受过安全教育和技术培训以及安全技术交底。 ( )

5. 设备租赁公司雇佣的钻机操作工张某某,在操作钻机起架作业前未对作业环境进行危险辨识,盲目进行起架作业,使钻架与上方的电力线接触造成钻车整体带电导致靠在车上的作业人员王某某受到电击死亡,对事故发生负有直接责任。 ( )

6. 勘察单位董事长庄某某,未认真履行安全生产管理职责,未对进入施工项目标段的从业人员实施安全教育和培训,未认真督促、检查本单位的安全生产工作,未及时消除生产安全事故隐患,对事故发生负有管理责任。 ( )

7.4 "10·3"机械伤害事故案例剖析及经验教训

2019年10月3日17时左右,乌鲁木齐市一项目工地发生一起机械伤害事故,造成1人死亡,直接经济损失95万元。

7.4.1 事故发生经过

2019年10月3日15时左右,施工单位生产经理安排带班班长程某某对项目工地1号楼~2号楼之间的混凝土搅拌机(JZM500)进行调试,并试拌三罐混凝土。程某某带领四名工人来到该搅拌机处,对拌制混凝土工作进行安排,然后程某某就离开混凝土搅拌区域。

17时05分左右,四名工人现场拌制混凝土结束,一名工人站在搅拌机基础底座的钢梁

上(当时其身体位置处在料斗沿着轨道上升的范围内,拌筒处在旋转状态、料斗在坑内),对搅拌机进料口积料进行清理。此时在搅拌机下清理垃圾的吴某某启动了搅拌机料斗提升开关,接着汪某某连续发出"停"的声音,离搅拌机料斗10m左右的李某某听到喊声后,快速走到搅拌机电源箱关掉电源开关,搅拌机停止运行,李某某看到死者被夹在搅拌机的料斗侧壁与搅拌机的进料口之间,双脚悬空,李某某打电话汇报了现场事故情况。

7.4.2 事故救援处置情况

17时08分,生产经理接到的电话后来到事故现场,安排塔式起重机司机用钢丝绳兜住料斗底部,又安排现场人员解开牵引料斗的钢丝绳。李某某移出汪某某,程某某站在料斗里接住死者。随后料斗慢慢下滑至地面,死者被放置在木板上,身体没有明显出血部位,鼻孔有少许黄色带红的液体,现场人员拨打了120急救电话和110报警电话。

17时20分左右,金杯面包车运送前往医院,途中遇到120救护车,医生行诊断后告知已无生命体征。

7.4.3 事故勘验、鉴定情况

(1)现场勘验

事故发生在现场1号楼和2号楼之间的混凝土搅拌机处。事故现场照片如图7-5所示。

a)现场位置示意图

b)汪某某身体被夹位置图

c)汪某某清理搅拌机时所站位置图

d)启动搅拌机人(吴某某)所站位置图

图7-5 事故现场照片

（2）通过对事故现场环境和相关人员笔录以及相关资料调查技术分析结果如下

①施工单位未定期对项目部的安全生产工作进行督促检查和考核；拒不执行监理通知单，未及时消除安全隐患；公司三级安全教育流于形式，教育培训资料不全；项目部安全管理制度和操作规程不健全，且无编制审批人，缺少设备设施安装、调试和验收相关制度；项目部未安排专人负责搅拌机设备的安装调试。

②监理单位下发了 8 份监理通知单，项目部未及时回复整改情况，包括 9 月 30 日下发编号为安 2019 - 9 - 30 的通知单，内容为"发现你项目部进场并安装部分自拌搅拌机械，要求立即将搅拌机械拆除"，项目部回复说明为"施工现场搅拌机还未使用，在使用前安排专人搭设防护棚，进行封闭施工"，实际未执行监理指令，10 月 3 日还在继续安装调试。

③项目部提供的 10 月 3 日《工作安排及安全技术交底》记录，工作内容是调试搅拌机，安全技术交底内容却没有针对调试搅拌机存在的安全风险进行安全交底。提供的 10 月 3 日交底记录有两份，但是两份记录上的签字明显不是一个人。

④项目部未对参加搅拌机调试作业的人员进行搅拌机安全技术操作规程培训。项目部生产经理和劳务班长在安排调试搅拌机工作时，未安排专人负责操作搅拌机，也未安排专人指挥协调，现场也无安全管理人员监督。

⑤现场搅拌机开关箱和操作箱未上锁，作业人员反映平时谁需要都能使用，未指定专人负责操作。

⑥死者汪某某在搅拌机搅拌罐还在正常运转的情况下，违规站在料斗升降区域内清洗搅拌机，违反搅拌机安全技术操作规程和停电挂牌安全管理要求，违反岗位安全生产责任制，违反自己所做的安全承诺。

⑦吴某某在未接到任何工作指令的情况下，擅自操作不属于自己工作职责范围内的设备，严重违反劳动纪律和操作规程，违反岗位安全生产责任制。

⑧项目部未按照该工程项目编制的应急预案，针对施工项目中存在的主要风险，组织开展应急预案演练。

7.4.4 事故造成的人员伤亡和直接经济损失

（1）伤亡人员情况：事故造成 1 人死亡。死者：汪某某，男，汉族，61 岁，建筑安装工程有限公司工人，工种为混凝土混凝土工。

（2）直接经济损失：共计 95 万元人民币（善后赔付费用 95 万元人民币）。

7.4.5 事故发生原因和事故性质

（1）事故发生原因

①直接原因

死者汪某某在搅拌机未停电挂牌、无专人监护、搅拌罐正常运转的情况下，违规站在料斗升降区域内清洗搅拌机；工人吴某某在未接到任何工作指令的情况下，擅自将搅拌机料斗上升开关启动，料斗向上运行过程中，将汪某某挤在搅拌罐进料口处，导致创伤性休克死亡，是该起事故发生的直接原因。

②间接原因

a. 总承包单位项目部非法与个体包工头签订劳务承包合同;公司未定期对项目部的安全生产工作进行督促检查和考核;公司拒不执行监理通知单,未及时消除安全隐患;公司三级安全教育流于形式,教育培训资料不全;项目部安全管理制度和操作规程不健全,且无编制审批人,缺少设备设施安装、调试和验收相关制度;项目部未安排专人负责搅拌机设备的安装调试,是事故发生的间接原因之一。

b. 总承包单位项目部未对参加搅拌机调试作业人员进行搅拌机安全技术操作规程培训;项目部生产经理和劳务班长在安排调试搅拌机工作时,未安排专人负责操作搅拌机,也未安排专人指挥协调,现场无安全管理人员监督,是事故发生的间接原因之二。

（2）事故性质

通过调查分析,认定该事故是一起由于企业安全生产管理不到位,作业人员安全意识淡漠,违章作业而引发的一起一般安全生产责任事故。

7.4.6 事故责任划分及处理建议

（1）对事故责任单位行政处罚的建议

施工总承包单位项目部非法与个体包工头签订劳务承包合同;公司未定期对项目部的安全生产工作进行督促检查和考核;公司拒不执行监理通知单,未及时消除安全隐患;公司三级安全教育流于形式,教育培训资料不全;项目部安全管理制度和操作规程不健全,且无编制审批人,缺少设备设施安装、调试和验收相关制度;项目部未安排专人负责搅拌机设备的安装调试;未对参加搅拌机调试作业的人员进行搅拌机安全技术操作规程培训;项目部生产经理和劳务班长在安排调试搅拌机工作时,未安排专人负责操作搅拌机,也未安排专人指挥协调,现场无安全管理人员监督,对该起事故发生负有主要责任,由区应急管理局给予罚款30万元人民币的行政处罚。

（2）对事故相关责任人员的处罚建议

①汪某某（死者）,总承包单位工人,在搅拌机未停电挂牌、无专人监护、搅拌罐正常运转情况下,违规站在料斗升降区域内清洗搅拌机,违反搅拌机安全技术操作规程和停电挂牌安全管理要求,违反岗位安全生产责任制,站在料斗升降区域清洗搅拌罐,对事故发生负有直接责任,鉴于其在事故中死亡,不再进行责任追究。

②吴某某,总承包单位工人,在未接到任何工作指令情况下,擅自操作不属于自己工作职责范围内的设备,严重违反劳动纪律和操作规程,违反岗位安全生产责任制。将搅拌机料斗上升开关启动,料斗在向上运行过程中,将正在清料的汪某某挤在搅拌罐进料口处,致使其创伤性休克死亡,对事故发生负有直接责任,移交司法机关追究其刑事责任。

③姚某某,总承包单位总经理、法定代表人,作为企业安全生产主要负责人,未认真履行安全生产管理职责,未对从业人员实施安全生产教育和培训,未督促、检查本单位的安全生产工作,未及时消除生产安全事故隐患,对事故发生负有主要管理责任,依据《中华人民共和国安全生产法》规定,给予罚款9万元人民币的行政处罚。

④赵某某,总承包单位项目经理,作为该项目主要负责人,未定期对项目部的安全生产

工作进行督促检查和考核;公司拒不执行监理通知单,未及时消除安全隐患;公司项目部非法与个体包工头签订劳务承包合同;员工三级安全教育流于形式,教育培训资料不全;项目部安全管理制度和操作规程不健全,且无编制审批人,缺少设备设施安装、调试和验收相关制度;项目部未安排专人负责搅拌机设备的安装调试;未对参加搅拌机调试作业的人员进行搅拌机安全技术操作规程培训;项目部生产经理和劳务班长在安排调试搅拌机工作时,未安排专人负责操作搅拌机,也未安排专人指挥协调,现场无安全管理人员监督,对事故的发生负有重要管理责任,依据《中华人民共和国安全生产法》之规定,给予罚款 24000 元人民币的行政处罚。

⑤李某某,总承包单位项目生产经理、现场负责人,程某某,总承包单项目带班班长,依据公司的规章制度进行处理。

习　题

(一)选择题

1. "10·3"事故类型属于(　　)事故。

    A.高处坠落　　　　　　B.物体打击　　　　　　C.机械伤害　　　　　　D.坍塌

2. "10·3"机械伤害事故的等级属于(　　)安全生产责任事故。

    A.特别重大　　　　　　B.重大　　　　　　C.较大　　　　　　D.一般

3. "10·3"机械伤害事故使用的机械是(　　)。

    A.弯曲机　　　　　　B.卷扬机　　　　　　C.物料提升机　　　　　　D.搅拌机

4. "10·3"机械伤害事故中伤亡人员的工种属于(　　)。

    A.普工　　　　　　B.钢筋工　　　　　　C.模板工　　　　　　D.混凝土工

5. 总承包单位是否对死者进行了完整有效的安全教育培训?(　　)

    A.是　　　　　　　　　　　　　　　　　　B.否

6. "10·3"机械伤害事故的直接原因是(　　)。

    A.死者汪某某在搅拌机未停电挂牌、无专人监护、搅拌罐正常运转的情况下,违规站在料斗升降区域内清洗搅拌机

    B.工人吴某某在未接到任何工作指令的情况下,擅自将搅拌机料斗上升开关启动,料斗向上运行过程中,将汪某挤在搅拌罐进料口处,导致创伤性休克

(二)判断题

1. 死者汪某某违规站在料斗升降区域内清洗搅拌机,违反搅拌机安全技术操作规程和停电挂牌安全管理要求,违反岗位安全生产责任制。　　　　　　　　　　　　　　　(　　)

2. 工人吴某某在未接到任何工作指令情况下,擅自操作不属于自己工作职责范围内的设备,严重违反劳动纪律和操作规程,违反岗位安全生产责任制。　　　　　　　　(　　)

3. 总承包单位总经理、法定代表人姚某某未认真履行安全生产管理职责,未对从业人员实施安全生产教育和培训,未督促、检查本单位的安全生产工作,未及时消除生产安全事故隐患,对事故发生负有主要管理责任。　　　　　　　　　　　　　　　　　　　　(　　)

4.总承包单位项目经理赵某某未定期对项目部的安全生产工作进行督促检查和考核，员工三级安全教育流于形式，教育培训资料不全，对事故的发生负有重要管理责任。（　　）

5.总承包单位工人吴某某，对事故发生负有直接责任，司法机关将追究其刑事责任。（　　）

6.事故中，死者违规作业，对事故的发生负有直接责任。（　　）

7.5 "4·10"坍塌事故案例剖析及经验教训

2019年4月10日9时30分左右，江苏扬州一停工工地，擅自进行基坑作业，13时9分时发生局部坍塌，造成5人死亡、1人受伤，事故造成直接经济损失约610万元。

经认定，该起事故为未按施工设计方案盲目施工、项目管理混乱、违规指挥和违规作业、监理不到位、方案设计存在缺陷、危大工程监控不力引起的坍塌事故，事故等级为"较大事故"，事故性质为"安全生产责任事故"。

7.5.1 事故经过

该项目于2018年10月16日开工，事发时该项目处于住宅地基开挖阶段。其中，基坑设计开挖深度7.2m，第四级设计坡高2.45m，实际坡高3.21m，设计坡比1:0.70～1:0.80，实际坡比1:0.42。施工单位未按照设计坡比要求进行放坡，监理公司曾多次在监理例会上要求进行整改。施工单位在未通过验收的情况下又对基坑边坡进行了挂网喷浆作业，且未按照施工质量要求浇筑挂网喷浆混凝土。

2019年4月4日，施工单位在住宅楼西北侧靠近基坑边电梯井集水坑无具体施工设计方案的情况下，组织相关人员进行开挖。

2019年4月6日至8日，该项目存在零星作业现象。4月9日，在未取得复工批准手续的情况下，施工单位项目现场负责人要求项目施工员继续开挖该电梯井集水坑。上午7时左右，施工员安排工人、挖土机共同对该电梯井集水坑进行垂直挖掘作业。开挖后形成"坑中坑"，施工员并没有参照基坑支护方案要求进行放坡或采取其他安全防护措施。10时30分左右，电梯井集水坑北侧垂直挖至3m处发现坑底出现地下水反渗，经现场负责人、施工员现场查看商议后，要求工人停止施工并对该电梯井集水坑复填土1m左右，随后进行了降水作业。因当日降雨，现场负责人、施工员又安排人员用长约25m，宽约5m彩条布对边坡和该电梯井集水坑进行覆盖。

2019年4月10日7时30分左右，施工员在查看了该电梯井集水坑未发现地下水反渗后，组织工人、挖掘机再次继续进行集水坑深挖作业，同时安排瓦工工头组织瓦工对该电梯井集水坑进行挡土墙砌筑作业。9时30分左右，该电梯井集水坑北侧发生局部坍塌，坡面上的挂网喷浆混凝土层随着边坡土体坠入集水坑，在集水坑里从事挡土墙砌筑作业的5名工人被埋,1 名工人逃生途中腿部受伤。

7.5.2　事故直接原因

施工单位未按施工设计方案,未采取防坍塌安全措施的情况下,在紧邻基坑边坡脚垂直超深开挖电梯井集水坑,降低了基坑坡体的稳定性,且坍塌区域坡面挂网喷浆混凝土未采用钢筋固定,是导致事故发生的直接原因。

7.5.3　事故间接原因

(1)项目管理混乱。施工单位在工程项目存在安全隐患未整改到位的情况下,擅自复工;基坑作业未安排安全员现场监护;未按规定与相关人员签订劳动合同;未对瓦工进行安全教育培训、未进行安全技术交底。停工期间建设、项目管理、监理单位对施工现场零星作业现象均未采取有效措施予以制止;施工、监理人员履职不到位,均存在冒充签字行为。建设单位将项目委托给不具备资质的房地产开发公司进行管理,且未按《项目管理合同》履行各自管理职责。

(2)违章指挥和违章作业。施工单位未按设计方案施工,在基坑边坡、挂网喷浆混凝土未经验收的情况下,违章指挥人员垂直开挖电梯井集水坑;在电梯井集水坑存在安全隐患的情况下指挥瓦工从事砌筑挡水墙作业。

(3)监理不到位。监理公司发现基坑未按坡比放坡等安全隐患的情况下,未采取有效措施予以制止;默许施工单位相关管理人员不在岗且冒充签字;对施工单位坡面挂网喷浆混凝土未按方案采用钢筋固定,且混凝土质量不符合标准,未采取措施;监理合同上明确的专业监理工程师未到岗履职,公司安排其他监理人员代为履职并签字,其中 1 人存在挂证的现象。

(4)基坑支护设计和专项施工方案存在缺陷。设计院对该电梯井集水坑未编制支护的结构平面图和剖面图,也未在施工前向施工单位和监理单位进行有效说明或解释。施工单位编制的《基坑专项施工方案》中,也未编制该电梯井集水坑支护安全要求。施工单位和监理公司未依法向设计院报告设计方案存在的缺陷。

同时,雨水对基坑坡面的冲刷和入渗增加了边坡土体的含水量,降低了边坡土体的抗剪强度。

(5)危大工程监控不力。质量安全检查站在该项目开工后未进行深基坑专项抽查,在常规抽查时未发现工地零星施工现象,未发现建筑施工安全隐患,未按要求填写书面记录表。街道办事处未按照区安全生产工作专题会议要求落实属地责任,未对深基坑等项目加强管理。

7.5.4　责任追究

(1)建设单位责任认定及处罚

杨某,建设单位项目代表、聘用人员。未认真履行施工现场建设单位协调、管理职责,现场安全管理混乱,发现安全隐患后未及时报告,未按要求组织施工安全自查自纠,未开展深基坑超危工程专项检查,未就停工情况进行相关检查,对事故负有直接管理责任。建议由建设单位对其进行经济处罚,并解除劳动合同关系。

(2)项目管理单位责任认定及处罚

陆某,该公司副总经理,该项目负责人,因涉嫌重大责任事故罪,被公安机关取保候审。

(3)施工单位责任认定及处罚

根据《中华人民共和国安全生产法》第一百零九条第二项的规定,建议由应急管理局依法给予行政处罚。同时,建议由市住房和建设局报请上级部门给予其暂扣安全生产许可证和责令停业整顿的行政处罚。

丁某,该公司法定代表人、总经理,对项目部安全生产工作督促、检查不到位,备案项目部管理人员不能到岗履职,未及时消除专项方案缺少深基坑作业防护、未按专项施工方案组织施工、从业人员安全培训教育不到位、技术交底缺失等隐患,项目部管理混乱,对事故发生负有责任,应急管理局依法给予行政处罚。同时,市住房和建设局依据《建设工程安全生产管理条例》第六十六条第三项的规定依法查处。

现场负责人杨某、项目经理王某、施工员凌某、安全员许某因涉嫌重大责任事故罪,逮捕;分管安全生产工作副总经理张某、现场实际技术负责人许某、瓦工现场班组长耿某,因涉嫌重大责任事故罪,取保候审。

(4)监理单位责任认定及处罚

该公司发现施工单位未按照基坑施工方案施工,未要求其暂停施工,也未及时向有关主管部门报告。出具虚假的《土方开挖安全验收表》《基坑支护、降水安全验收表》,对事故发生负有责任。根据《建设工程安全生产管理条例》第五十七条和《危险性较大的分部分项工程安全管理规定》第三十六条、第三十七条的规定,建议由市住房和建设局依法查处,并报请上级部门给予其责令停业整顿的行政处罚。

才某,总监理工程师,因涉嫌重大责任事故罪,被公安机关取保候审。

陈某,备案监理工程师,未实际到岗履职,对事故发生负有责任。由市住房和建设局依法查处,并报请上级部门吊销其监理工程师注册证书,5年内不予注册。

孙某,监理员,冒用备案监理工程师陈某名义,以专业监理工程师名义开展监理工作,由市住房和建设局依法查处。

冯某,监理员,由市住房和建设局依法查处。

习　　题

(一)选择题

1. 江苏扬州"4·10"事故的类型属于(　　)事故。

　　A. 高处坠落　　　　　B. 物体打击　　　　　C. 机械伤害　　　　D. 坍塌

2. "4·10"基坑坍塌事故等级属于(　　)安全生产责任事故。

　　A. 特别重大　　　　　B. 重大　　　　　　　C. 较大　　　　　　D. 一般

3. "4·10"基坑坍塌事故中伤亡人员的工种属于(　　)。

A. 普工　　　　　　　B. 钢筋工　　　　　　C. 模板工　　　　　　D. 瓦工

4. "4·10"基坑坍塌事故中伤亡瓦工是否接受了安全教育培训和安全技术交底?(　　)

A. 是　　　　　　　　　　　　　　B. 否

5. "4·10"基坑坍塌事故的直接原因是(　　)。

A. 施工单位未按施工设计方案,未采取防坍塌安全措施

B. 在紧邻基坑边坡脚垂直超深开挖电梯井集水坑,降低了基坑坡体的稳定性

C. 坍塌区域坡面挂网喷浆混凝土未采用钢筋固定

6. "4·10"基坑坍塌事故的间接原因有(　　)。

A. 项目管理混乱　　　　　　　　　B. 违章指挥和违章作业

C. 监理不到位　　　　　　　　　　D. 基坑支护设计和专项施工方案存在缺陷

(二)判断题

1. "4·10"基坑坍塌事故中,现场负责人杨某、项目经理王某、施工员凌某、安全员许某因涉嫌重大责任事故罪。　　　　　　　　　　　　　　　　　　　　　　　(　　)

2. "4·10"基坑坍塌事故中,瓦工现场班组长耿某涉嫌重大责任事故罪。　　　(　　)

3. "4·10"基坑坍塌事故中,死者违规作业,对事故的发生负有直接责任。　　(　　)

第8章

建筑施工现场安全
基础知识

8.1 施工安全管理知识

8.1.1 "三违"

"三违"是指生产作业中违章指挥、违规作业、违反劳动纪律。

(1)违章指挥:主要是指生产经营单位的生产经营管理人员违反安全生产方针、政策、法律、条例、规程、制度和有关规定指挥生产的行为。包括:生产经营管理人员不遵守安全生产规程、制度和安全技术措施或擅自变更安全工艺和操作程序,指挥者使用未经安全培训的劳动者或无专门资质认证的人员;生产经营管理人员指挥工人在安全防护设施或设备有缺陷、隐患未解决的条件下冒险作业;生产经营管理人员发现违章不制止等。

(2)违规作业:主要是指工人违反劳动生产岗位的安全规章和制度(如安全生产责任制、安全操作规程、工作交接制度等)的作业行为。包括:不正确使用个人劳动保护用品、不遵守工作场所的安全操作规程和不执行安全生产指令。

(3)违反劳动纪律:主要是指工人违反生产经营单位的劳动纪律的行为。包括:不履行劳动合同及违约承担的责任,不遵守考勤与休假纪律、生产与工作纪律、奖惩制度及其他纪律等。

(4)造成"三违"的心理思想分析。

①侥幸心理:一部分人在几次违章没发生事故后,慢慢滋生了侥幸心理,混淆了几次违章没发生事故的偶然性和长期违章迟早要发生事故的必然性。

②省能心理:嫌麻烦,图省事,降成本,总想以最小的代价取得最好的效果,甚至压缩到极限,降低了系统的可靠性。尤其是在生产任务紧迫和眼前既得利益的诱因下,极易产生省能心理。

③自我表现心理(或者叫逞能):自以为技术好,有经验,经常满不在乎,虽说能预见到有危险,但是轻信能避免,用冒险蛮干当成表现自己的技能。有的新人技术差,经验少,可谓初生牛犊不怕虎,急于表现自己,以自己或他人的痛苦验证安全制度的重要作用,用鲜血和生命证实安全规程的科学性。

④从众心理:别人做了没事,我福大命大造化大,肯定更没事。尤其是一个安全秩序不好,管理混乱的场所,这种心理像瘟疫一样,严重威胁企业的安全生产。

⑤逆反心理:在人与人之间关系紧张的时候,人们常常产生这种心理。把同事的善意提醒不当回事,对领导的严格要求口是心非,气大于理,置安全规章于不顾,以致酿成事故。

违章就是走向事故,靠近伤害,甚至断送生命;事故的后果是,"一害个人、二害家庭、三害集体、四害企业、五害国家"。生命是宝贵的,它属于我们且只有一次。正如人们往往到生病时才知道健康的重要,发生事故才知道违章的可怕,受到伤害才知道安全的可贵。为了自己,为了家庭,为了社会,请不做各种违章行为,尤其是习惯性违章,做到"不伤害自己,不伤害他人,不被他人伤害,保护他人不被伤害"。

8.1.2 "四不伤害"

"四不伤害"是指不伤害自己、不伤害他人、不被他人伤害和保护他人不被伤害。

（1）不伤害自己：不伤害自己，就是要提高自我保护意识，不能由于自已的疏忽、失误而使自己受到伤害，它取决于自己的安全意识、安全知识、对工作任务的熟悉程度、岗位技能、工作态度、工作方法、精神状态、作业行为等多方面因素。

（2）不伤害他人：他人生命与你的一样宝贵，不应该被忽视，保护同事是你应尽的义务，我不伤害他人，就是我的行为或后果，不能给他人造成伤害，在多人作业同时，由于自己不遵守操作规程，对作业现场周围观察不够以及自己操作失误等原因，自己的行为可能对现场周围的人员造成伤害。

（3）不被他人伤害：人的生命是脆弱的，变化的环境蕴含多种可能失控的风险，你的生命安全不应该由他人来随意伤害，我不被他人伤害，即每个人都要加强自我防范意识，工作中要避免他人的错误操作或其它隐患对自己造成伤害。

（4）保护他人不受伤害：任何组织中的每个成员都是团队中的一分子，要担负起关心爱护他人的责任和义务，不仅自己要注意安全，还要保护团队的其他人员不受伤害，这是每个成员对集体中其他成员的承诺。

8.1.3 "四不放过"

"四不放过"是事故调查处理责任追究的原则，包括事故原因未查清不放过，责任人员未处理不放过，整改措施未落实不放过，有关人员未受到教育不放过。

（1）事故原因未查清不放过，在调查处理伤亡事故时，首先要把事故原因分析清楚，找出导致事故发生的真正原因，不能敷衍了事，不能在尚未找到事故主要原因时就轻易下结论，也不能把次要原因当成真正原因，未找到真正原因决不轻易放过，直至找到事故发生的真正原因，并搞清各因素之间的因果关系才算达到事故原因分析的目的。

（2）责任人员未处理不放过，是安全事故责任追究制的具体体现，对事故责任者要严格按照安全事故责任追究规定和有关法律、法规的规定进行严肃处理。

（3）整改措施未落实不放过，要求在调查处理工伤事故时，不能认为原因分析清楚了，有关人员也处理了就算完成任务了，还必须使事故责任者和广大群众了解事故发生的原因及所造成的危害，并深刻认识到搞好安全生产的重要性，使大家从事故中吸取教训，在今后工作中更加重视安全工作。

（4）有关人员未受到教育不放过，要求必须针对事故发生的原因，在对安全生产工伤事故必须进行严肃认真的调查处理的同时，还必须提出防止相同或类似事故发生的切实可行的预防措施，并督促事故发生单位加以实施，只有这样，才算达到了事故调查和处理的最终目的。

8.1.4 "文明施工"环保卫生与防疫

"文明施工"管理的控制要点：

（1）施工现场出入口应标有企业名称或企业标识，主要出入口明显处应设置"五牌一图",即工程概况牌、管理人员名单及监督电话牌、消防安全牌、安全生产牌、文明施工牌和施工现场总平面图(图8-1和图8-2)。

图8-1 施工现场企业标识

图8-2 五牌一图

（2）施工现场必须实施封闭管理,现场出入口应设门卫室,场地四周必须采用封闭围挡,围挡要坚固、整洁、美观,并沿场地四周连续设置。一般路段的围挡高度不得低于1.8m,市区主要路段的围挡高度不得低于2.5m(图8-3和图8-4)。

图8-3 施工现场出入口门禁   图8-4 施工现场围挡及绿化

（3）施工现场的场容管理应建立在施工平面图设计的合理安排和物料器具定位管理标准化的基础上，项目经理部应根据施工条件，按照施工总平面图、施工方案和施工进度计划的要求，进行所负责区域的施工平面图的规划、设计、布置、使用和管理。

（4）施工现场的主要机械设备、脚手架、密目式安全网与围挡、模具、施工临时道路、各种管线、施工材料制品堆场及仓库、土方及建筑垃圾堆放区、变配电间、消火栓、警卫室、现场的办公、生产和临时设施等的布置，均应符合施工平面图的要求。施工现场的孔、洞、口、沟、坎、井以及建筑物临边，应当设置围挡、盖板和警示标志，夜间应当设置警示灯。

（5）施工现场的施工区域应与办公、生活区划分清晰，并应采取相应的隔离防护措施。施工现场的临时用房应选址合理，并应符合安全、消防要求和国家有关规定。在建工程内严禁住人。

（6）施工现场应设置办公室、宿舍、食堂、厕所、淋浴间、开水房、文体活动室、密闭式垃圾站（或容器）及盥洗设施等临时设施（图8-5），临时设施所用建筑材料应符合环保、消防要求。

a)生活区宿舍

b)文体活动室

c)食堂

d)茶水间和吸烟室

图8-5　施工现场临时设施

（7）施工现场应设置畅通的排水沟渠系统，保持场地道路的干燥坚实，泥浆和污水未经处理不得直接排放。施工场地应硬化处理，有条件时，可对施工现场进行绿化布置。

（8）施工现场应建立现场防火制度和火灾应急响应机制，落实防火措施，配备防火器材。明火作业应严格执行动火审批手续和动火监护制度。高层建筑要设置专用的消防水源和消防立管，每层留设消防水源接口（图8-6）。

a)消防水泵　　　　　　　　　　　　　b)消防水永临结合

图8-6　消防设施

（9）施工现场应设宣传栏、报刊栏，悬挂安全标语，在场区有高处坠落、触电、物体打击等危险部位应悬挂安全警示标志牌，加强安全文明施工宣传。

（10）施工现场应加强治安综合治理和社区服务工作，建立现场治安保卫制度，落实好治安防范措施，避免失盗事件和扰民事件的发生。

习　　题

（一）填空题

1.“三违”是指生产作业中（　　）、（　　）、（　　）三种现象。

2.“四不伤害”是指（　　）、（　　）、（　　）、（　　）。

3.一般路段的围挡高度不得低于（　　）m，市区主要路段的围挡高度不得低于（　　）。

4.明火作业应严格执行（　　）和动火监护制度。

（二）选择题

1.违章指挥包括（　　）。

　A.管理人员不遵守安全生产规程、制度和安全技术措施

　B.管理人员擅自变更安全工艺和操作程序

　C.使用未经安全培训的劳动者或无专门资质认证的人员

　D.指挥工人在安全防护设施或设备有缺陷、隐患未解决的条件下冒险作业

　E.生产经营管理人员发现违章不制止

2.违规作业包括（　　）。

　A.不正确使用个人劳动保护用品

　B.不遵守工作场所的安全操作规程

C. 不执行安全生产指令

3. 造成"三违"的心理思想有(　　)。

 A. 侥幸心理   B. 省能心理

 C. 自我表现心理   D. 从众心理

 E. 逆反心理

4. 施工现场入口处的"五牌一图"是(　　)。

 A. 工程概况牌   B. 管理人员名单及监督电话牌

 C. 消防安全牌   D. 安全生产牌

 E. 文明施工牌   F. 施工现场总平面图

5. 事故调查处理责任追究"四不放过"原则是(　　)。

 A. 事故原因未查清不放过

 B. 责任人员未处理不放过

 C. 整改措施未落实不放过

 D. 有关人员未受到教育不放过

(三)判断题

1. 不伤害自己,就是要提高自我保护意识,不能由于自己的疏忽、失误而使自己受到伤害。 (　　)

2. 不伤害他人,就是自己的行为或后果,不能给他人造成伤害。 (　　)

3. 不被他人伤害,就是每个人都要加强自我防范意识,工作中要避免他人的错误操作或其他隐患对自己造成伤害。 (　　)

4. 保护他人不受伤害,就是担负起关心爱护他人的责任和义务,不仅自己要注意安全,还要保护团队的其他人员不受伤害。 (　　)

8.2　企业的安全生产规章制度

 无规矩不成方圆,在施工企业的生产活动中实现制度化管理是一项重要课题。安全生产管理制度的制定应符合我国现行安全法律和行业规定,制度内容须齐全且针对性强,要能够体现实效性和可操作性。一部合理、完善、具有可操作性的管理制度,有利于企业领导的正确决策,有利于规范企业行为,有利于一线生产活动的安全实施,能够良好杜绝或减少安全事故的发生、为企业的安全生产奠定坚实的基础。

 安全生产管理制度主要包括:安全生产责任制度、安全技术交底制度、安全生产检查制度、安全生产例会制度、安全生产奖惩制度、安全生产教育培训制度、分包单位管理制度、安全生产事故报告与处理制度、安全生产资金保障制度、安全用电管理制度、机械设备管理制度、应急预案与响应制度、材料管理制度、消防保卫制度、环境保护制度等。

 (1)安全生产责任制度。责任是安全的灵魂,责任制是安全管理中最主要的制度。通过建立健全责任制度,可明确各级管理人员、作业人员的责任和义务。施工企业主要责任人要负起安全生产领导责任,构建以企业法定代表人为核心的安全生产责任体系,建立"企业—项目部—作业队(班组)—作业人员"的安全管理责任链。企业与项目部、项目部与作业队(班组)、作业队(班组)与作业人员之间要及时签订"安全责任书",明确各方安全责任、分解并落实安全目标,建立"横到边、纵到底、专管成线、群管成网"的安全生产管理体系,形成全员管理格局,以有力地保障企业安全生产目标的顺利实现。

企业在日常工作中要经常检查和监督责任落实情况,发现纰漏应追究责任人的责任,故责任制的核心是责任追究,即"问责制"。《中华人民共和国安全生产法》《建设工程安全生产管理条例》等法律法规均有安全生产责任主体的界定及针对责任单位和责任人的处罚规定。企业可依据相关法律法规制定企业内部的安全生产责任制度和安全生产责任追究制度,一旦工作落实不到位或发生安全生产事故则严格追究责任,有利于各级管理人员提高安全生产的重视程度。

安全生产责任制度主要包括三个方面:

①生产经营单位的各级负责生产和经营的管理人员,在完成生产或经营任务的同时,对保证生产安全负责;

②各职能部门的人员,对自己业务范围内及有关的安全生产负责;

③所有的从业人员应在自己本职工作范围内做到安全生产。

(2)安全技术交底制度。该制度旨在使施工人员了解施工过程中的危险源、危险工艺和危险部位的概况、内容及特点,掌握正确的安全施工措施、安全防护方法,最大限度地减少安全事故的发生,保障员工的人身财产安全和健康。主要包括:安全技术交底依据、安全技术交底基本要求、安全技术交底职责分工、安全技术交底的内容、安全技术交底监督检查、安全技术交底记录等。安全技术交底主要涉及如下三个方面:

工程项目开工前,由企业环境安全监督处与基层单位负责向项目部进行安全生产管理首次交底,主要内容有:国家和地方有关安全生产的方针、政策、法律法规、标准、规范、规程和企业的安全规章制度;项目安全管理目标、伤亡控制指标、安全达标和文明施工目标;危险性较大的分部分项工程及危险源的控制、专项施工方案清单和方案编制的指导、要求;施工现场安全质量标准化管理的一般要求;企业部门对项目部安全生产管理的具体措施要求。

项目部技术负责人向施工队长或班组长进行书面安全技术交底,主要内容有:工程项目各项安全管理制度、办法,注意事项、安全技术操作规程;每一分部、分项工程施工安全技术措施、施工生产中可能存在的不安全因素以及防范措施;对特殊工种的作业、机电设备的安拆与使用、安全防护设施的搭设等,项目技术负责人均要对操作班组作安全技术交底;两个以上工种配合施工时,项目技术负责人要按工程进度定期或不定期地向有关班组长进行交叉作业的安全交底。

施工队长或班组长根据交底要求,对操作工人进行针对性的班前作业安全交底,操作人员必须严格执行安全交底的要求。主要内容有:本工种安全操作规程;现场作业环境要求本工种操作的注意事项;个人防护措施。

（3）安全生产检查制度。该制度旨在检查工程项目施工过程中人的不安全行为与物的不安全状态，具体涉及作业人员操作行为、机械设备、安全设施、其他各项制度的制定与实施情况、相关记录等，主要包括：检查的目的、检查的内容、检查的依据、检查方式与相应的实施方法等。

（4）安全生产例会制度。该制度旨在通过召开安全例会以及时掌握企业与工程项目的安全生产状况，并总结部署安全生产工作，主要包括：参会人员、会议时间、会议要求、会议程序、会议记录等。

（5）安全生产奖惩制度。该制度旨在强化安全生产责任制，进一步规范人员行为安全，减少事故隐患，不断增强职工的安全、文明意识，充分发挥其工作自觉性、积极性和创造性，营造安全、文明、有序的施工环境，主要包括：处罚细则、奖励细则等。

（6）安全生产教育培训制度。该制度旨在提高从业人员安全生产的责任感和法律意识，加强贯彻执行安全法律、法规及各项规章制度的自觉性，并使广大员工掌握从业所需的安全生产科学知识、安全操作技能、事故防应急能力等，主要包括：教育培训的目的、教育培训的对象、教育培训的内容、教育培训的方式、教育培训的要求、教育培训计划等。

（7）分包单位管理制度。该制度旨在加强工程项目专业分包单位、劳务分包单位的管理，使承包方与分包方高效合作，以确保整个工程质量和进度，并保证对分包队伍的管理更加规范有效，主要包括：专业分包单位管理（人员组织管理、技术质量管理、施工进度控制、安全生产文明施工管理）、劳务分包单位管理（进场要求、组织管理、施工管理、安全生产管理）等。

（8）安全生产事故报告与处理制度。该制度旨在事故发生后，项目部能够及时报告、调查、处理、统计人员伤亡情况，并采取有效预防措施，最大限度地防止和减少伤亡事故，主要包括：事故报告程序、事故现场处置、事故调查与分析、事故处理、事故归档、伤残鉴定资料等。

（9）安全生产资金保障制度。该制度旨在加强企业安全生产资金的财务管理，保证公司安全生产资金的落实到位和专款专用，确保安全生产措施的有效落实，有计划、有步骤地改善劳动条件、防止工伤事故、消除职业病和职业中毒等危害，主要包括：安全生产资金额度、安全生产资金计划、安全生产资金的支付使用、安全生产资金的监督管理等。

（10）安全用电管理制度。该制度旨在加强施工现场临时用电的安全管理，有效引导、使用、控制电能、保障施工用电安全，防止发生触电事故，主要包括：管理人员与电气专业人员职责、临时用电原则、配电室及自备电源、配电线路、配电箱及开关箱、照明、检查与考核等。

（11）机械设备管理制度。该制度旨在保持"人—机—环境"系统的和谐运行，提高企业施工机械设备完好率、利用率，减轻作业人员的劳动程度，主要包括：机械设备的使用管理、机械设备试车验收、机械设备的检查、机械设备的保养及维修、分包单位机械设备管理方法、机械设备的拆装、机械设备的报废、大型设备及特种设备的管理等。

（12）应急预案与响应制度。该制度旨在增强应急预案的科学性、针对性、实效性，对建设工程可能发生的安全生产事故加强防范并及时做好质量安全事故发生后的救援工作，主要包括：应急领导小组；潜在事故应急预案；应急相关电话；一般事故、重大事故响应；应急培训与演练；临时急救措施；应急工具清单等。

（13）材料管理制度。该制度旨在加强施工现场各类材料购入、检验、贮存、使用等方面

的管理,保证材料检验合格、堆放整齐、功能不受影响且使用合理有序,主要包括:

材料管理职责;材料验收与入库;材料出入仓库、现场审批与登记;材料例行盘点;用料限额等。

(14)消防保卫制度。该制度旨在加强施工现场易燃、易爆物品的管理,杜绝火灾事故的发生,并维护工程建设期间的治安稳定,明确门卫(纠察)人员的职责,以保障工程建设的治安安全,主要包括:动用明火管理、油漆防火、木工作业防火、焊割作业防火、库房防火、宿舍防火、食堂防火、消防检查、警卫管理等。

(15)环境保护制度。该制度旨在通过对生产、生活活动的控制,最大限度地减少施工生产、生活造成的环境影响,达到改善环境,保护人身健康的目的,主要包括:化学品及油品的控制、噪声控制、大气污染控制、废水控制、垃圾处理、环境监控与检查等。

习　题

(一)填空题

1.施工企业要构建以企业法定代表人为核心的安全生产责任体系,建立"企业—项目部—班组—(　　)"的安全管理责任链。

2.企业与项目部、项目部与班组、班组与(　　)之间要及时签订"安全责任书",明确各方安全责任、分解并落实安全目标。

3.项目部技术负责人向(　　)进行书面安全技术交底。

4.班组长根据交底要求,对(　　)进行针对性的班前作业安全交底。

(二)选择题

1.通过对生产、生活活动的控制,最大限度地减少施工生产、生活造成的环境影响,达到改善环境,保护人身健康的的制度是(　　)。

A.施工车辆管理制度　　　　　　　　B.环境保护制度

C.绿色施工管理制度　　　　　　　　D.建筑工人业余学校管理制度

2.加强施工现场易燃、易爆物品的管理,杜绝火灾事故的发生,并维护工程建设期间的治安稳定,明确门卫(纠察)人员的职责,以保障工程建设的治安安全的制度是(　　)。

A.治安保卫制度　　　　　　　　　　B.环境保护管理制度

C.施工车辆管理制度　　　　　　　　D.消防保卫制度

3.加强施工现场各类材料购入、检验、贮存、使用等方面的管理,保证材料检验合格、堆放整齐、功能不受影响且使用合理有序的制度是(　　)。

A.职业健康与劳动保护制度　　　　　B.材料管理制度

C.治安保卫制度　　　　　　　　　　D.专项施工方案编审制度

(三)判断题

1.安全生产管理制度的制定应符合我国现行安全法律和行业规定,制度内容须齐全且针对性强,要能够体现实效性和可操作性。　　　　　　　　　　　　　　　　(　　)

2. 安全技术交底制度目的是让施工人员了解施工过程中的危险源、危险工艺和危险部位的概况、内容及特点,掌握正确的安全施工措施、安全防护方法,最大限度地减少安全事故的发生,保障员工的人身财产安全和健康。   （   ）

3. 安全生产检查制度的目的是建立工程项目施工过程中定期检查人的不安全行为与物的不安全状态。   （   ）

4. 安全生产教育培训制度目的是提高从业人员安全生产的责任感和法律意识,加强贯彻执行安全法律、法规及各项规章制度的自觉性,并使广大员工掌握从业所需的安全生产科学知识、安全操作技能、事故防应急能力等。   （   ）

5. 安全生产事故报告与处理制度是在事故发生后,项目部能够及时报告、调查、处理、统计人员伤亡情况,并采取有效预防措施,最大限度地防止和减少伤亡事故。   （   ）

6. 安全用电管理制度是加强施工现场临时用电的安全管理,有效引导,使用、控制电能、保障施工用电安全,防止发生触电事故。   （   ）

7. 机械设备管理制度目的是保持"人—机—环境"系统的和谐运行,提高企业施工机械设备完好率、利用率,减轻作业人员的劳动程度。   （   ）

8. 责任是安全的灵魂,责任制是安全管理中最主要的制度。通过建立健全责任制度,可明确各级管理人员、作业人员的责任和义务。   （   ）

9. 两个以上工种配合施工时,项目技术负责人要按工程进度定期或不定期地向有关班组长进行交叉作业的安全交底。   （   ）

8.3　安全劳动纪律

8.3.1　施工现场安全十不准

（1）严禁穿拖鞋、高跟鞋及不戴安全帽人员进入施工现场作业。

（2）严禁一切人员在提升架、吊篮及提升架井口和吊物下操作、站立、行走。

（3）严禁非专业人员私自开动任何施工机械及驳接、折除电线、电器。

（4）严禁在操作现场(包括在车间、工场)玩耍、吵闹和从高处抛掷材料、工具、砖石、砂泥及一切物品。

（5）严禁土方工程不按规定放坡或不加支撑的深基坑开挖施工。

（6）严禁在不设栏杆或其它安全措施的高处作业和单层墙上面行走。

（7）严禁在未设安全措施的同一部位上同时进行上下交叉作业。

（8）严禁带小孩进入施工现场作业。

（9）严禁在高压电源的危险区域进行冒险作业及不穿绝缘水鞋进行操作水磨石机,严禁用手直接提拿灯头,电线移动照明。

（10）严禁在有危险品、易燃品、木工棚场的现场,仓库吸烟、生火。

8.3.2 高处作业十不准

(1)患有高血压、心脏病、贫血、癫痫、深度近视眼等疾病不准登高作业。

(2)无人监护不准登高作业。

(3)没有戴安全帽、系安全带、不扎紧裤管时不准登高作业。

(4)六级以上大风及暴雨、大雪、大雾不准登高作业。

(5)脚手架、跳板不牢不准登高作业。

(6)梯子无防滑措施、未穿防滑鞋不准登高作业。

(7)不准攀爬井架、龙门架、脚手架,不能乘坐非载人的垂直运输设备登高作业。

(8)携带笨重物件不准登高作业。

(9)高压线旁无遮拦不准登高作业。

(10)光线不足不准登高作业。

8.3.3 起重作业十不准

(1)超载或被吊物重量不清不准吊。

(2)指挥信号不明确不准吊。

(3)捆绑、吊挂不牢或不平衡,可能引起滑动时不准吊。

(4)被吊物上有人或浮置物时不准吊。

(5)结构或零部件有影响安全工作的缺陷或损伤时不准吊。

(6)遇有拉力不清的埋置物件时不准吊。

(7)工作场地昏暗,无法看清场地、被吊物和指挥信号时不准吊。

(8)被吊物棱角处与捆绑钢丝绳间未加衬垫时不准吊。

(9)歪拉斜吊重物时不准吊。

(10)容器内装的物品过满时不准吊。

8.3.4 安全用电十不准

(1)无证电工不准安装电气设备。

(2)不准玩弄电气设备和开关。

(3)不准使用绝缘损坏的电气设备。

(4)不准利用电热设备和灯泡取暖。

(5)不准启动挂有警告牌和拔掉熔断器的电气设备。

(6)不准用水冲洗和揩擦电气设备。

(7)熔丝熔断时不准调换容量不符的熔丝。

(8)不准在埋有电缆的地方未办任何手续打桩动土。

(9)有人触电时应立即切断电源,在未脱离电源前不准接触触电者。

(10)雷电时不准接触避雷器和避雷针。

8.3.5 电焊气割十不准

(1)焊工必须持证上岗,无特种作业人员安全操作证的人员,不准进行焊、割作业。

（2）凡属一、二、三级动火范围的焊、割，未经办理动火审批手续，不准进行焊、割。

（3）焊工不了解焊、割现场周围情况，不准进行焊、割。

（4）焊工不了解焊件内部是否安全时，不准进行焊、割。

（5）各种装过可燃气体，易燃液体和有毒物质的容器，未经彻底清洗，排除危险性之前，不准进行焊、割。

（6）用可燃材料作保温层、冷却层、隔热设备的部位，或火星能飞溅的地方，在未采取切实可靠的安全措施之前，不准焊、割。

（7）有压力或密闭的管道、容器，不准焊、割。

（8）焊、割部位附近易燃易爆品，在未经清理或未采取有效的安全措施之前，不准焊、割。

（9）附近有与明火作业相抵触的工种作业时，不准焊、割。

（10）与单位相连的部位，在未与对方协商一致并采取有效安全措施之前，不准焊、割。

8.3.6　宿舍防火"十不准"

（1）不准私拉乱接电线。

（2）不准卧床吸烟，乱扔烟头。

（3）不准占用、堵塞消防通道。

（4）不准在宿舍及楼内焚烧杂物。

（5）不准携带易燃易爆物品入舍。

（6）不准使用大功率电器设施。

（7）不准使用酒精炉等明火器具。

（8）不准擅自改动电气线路和电源设备。

（9）不准离开宿舍不关电源。

（10）不准故意损坏灭火器具和消防设备设施。

8.4　安全标志

8.4.1　安全标志

用以表达特定安全信息的标志，由图形符号、安全色、几何形状或文字构成。

安全标志是向工作人员警示工作场所或周围环境的危险状况，指导人们采取合理行为的标志。安全标志能够提醒工作人员预防危险，从而避免事故发生；当危险发生时，能够指示人们尽快逃离，或者指示人们采取正确、有效、得力的措施，对危害加以遏制。安全标志不仅类型要与所警示的内容相吻合，而且设置位置要正确合理，否则就难以真正充分发挥其警示作用。安全标志的分类为禁止标志、警告标志、指令标志、提示标志四类，还有补充标志。

8.4.2 禁止标志

禁止标志的含义是不准或制止人们的某些行动。

禁止标志的几何图形是带斜杠的圆环,其中圆环与斜杠相连,用红色;图形符号用黑色,背景用白色(图8-7)。

图8-7 禁止标志

我国规定的禁止标志共有40个,如:禁放易燃物、禁止吸烟、禁止通行、禁止烟火、禁止用水灭火、禁带火种、禁止启机修理时禁止转动、运转时禁止加油、禁止跨越、禁止乘车、禁止攀登等。

8.4.3 警告标志

警告标志的含义是警告人们可能发生的危险。

警告标志的几何图形是黑色的正三角形、黑色符号和黄色背景(图8-8)。

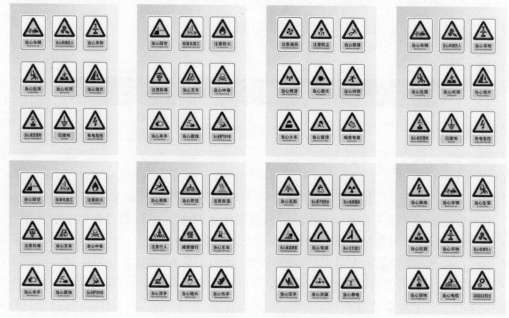

图8-8 警告标志

我国规定的警告标志共有 39 个,如:注意安全、当心触电、当心爆炸、当心火灾、当心腐蚀、当心中毒、当心机械伤人、当心伤手、当心吊物、当心扎脚、当心落物、当心坠落、当心车辆、当心弧光、当心冒顶、当心瓦斯、当心塌方、当心坑洞、当心电离辐射、当心裂变物质、当心激光、当心微波、当心滑跌等。

8.4.4　指令标志

指令标志的含义是必须遵守。

指令标志的几何图形是圆形,蓝色背景,白色图形符号(图 8-9)。

图 8-9　指令标志

指令标志共有 16 个,如:必须戴安全帽、必须穿防护鞋、必须系安全带、必须戴防护眼镜、必须戴防毒面具、必须戴护耳器、必须戴防护手套、必须穿防护服等。

8.4.5　提示标志

示标志的含义是示意目标的方向。

提示标志的几何图形是方形,绿色背景,白色图形符号及文字(图 8-10)。

提示标志共有 8 个,如紧急出口、避险处、应急避难场所、可动火区、击碎板面、急救点、应急电话、紧急医疗站。

8.4.6　补充标志

补充标志是对前述四种标志的补充说明,以防误解。

图 8-10　提示标志

补充标志分为横写和竖写两种。横写的为长方形,写在标志的下方,可以和标志连在一起,也可以分开;竖写的写在标志杆上部。

补充标志的颜色:竖写的,均为白底黑字,横写的,用于禁止标志的用红底白字,用于警告标志的用白底黑字,用带指令标志的用蓝底白字。

习　题

(一)填空题

1. 安全标志是用以表达特定(　　)的标志,由图形符号、安全色、几何形状或文字构成。

2. 安全标志分为(　　)(　　)(　　)(　　)四类。

3. 禁止标志是(　　)人们不安全行为的图形标志。

4. 禁止标志的几何图形是带斜杠的(　　),其中圆环与斜杠相连,用(　　)色;图形符号用黑色,背景用白色。

5. 我国规定的禁止标志共有(　　)个。警告标志的几何图形是(　　),黑色符号和黄色背景(　　)。

6. 我国规定的警告标志共有(　　)个。

7. 指令标志的几何图形是(　　),背景是(　　),白色图形符号。

8. 我国规定的指令标志共有(　　)个。

9. 提示标志 是向人们提供某种(　　)的图形标志。

10. 提示标志的几何图形是(　　),背景是(　　),白色图形符号及文字。

11. 我国规定的提示标志共有(　　)个。

(二)选择题

1. 指令标志是(　　)人们必须做出某种动作或采用防范措施的图形标志。
   A. 规定　　　　　　　B. 提示　　　　　　　C. 允许　　　　　　　D. 强制

2. 禁止吸烟、禁止通行、禁止烟火等标志属于(　　)。
   A. 禁止标志　　　　　B. 警告标志　　　　　C. 指令标志　　　　　D. 提示标志

3. 注意安全、当心触电、当心火灾等标志属于(　　)。
   A. 禁止标志　　　　　B. 警告标志　　　　　C. 指令标志　　　　　D. 提示标志

4. 必须戴安全帽、必须系安全带等标志属于(　　)。
   A. 禁止标志　　　　　B. 警告标志　　　　　C. 指令标志　　　　　D. 提示标志

5. 紧急出口、避险处、应急避难场所等标志属于(　　)。
   A. 禁止标志　　　　　B. 警告标志　　　　　C. 指令标志　　　　　D. 提示标志

8.5　安全防护用品配备标准及使用

建筑施工安全"三宝"是指个人防护佩戴的安全帽、安全带和建筑施工防护使用的安全网。

安全帽主要用来保护使用者的头部,减轻撞击、物体打击伤害的防护用品。

安全带是高处作业人员预防坠落伤亡的防护用品。

安全网是用来防止人、物坠落,或用来避免、减轻人员坠落及物体打击伤害的网具。
坚持正确使用建筑"三宝",是降低建筑施工伤亡事故的有效措施。

8.5.1　安全帽

安全帽是对人体头部受坠落物及其他特定因素引起的伤害起保护作用的帽,由帽壳、帽衬和下颚带、附件组成。安全帽是采用具有一定强度的帽体、帽衬和缓冲结构构成,以承受和分散坠落物瞬间的冲击力,以便能使有害荷载分布在头盖骨的整个面积上,即头与帽和帽顶的空间位置共同构成吸收分流,以保护使用者头部能避免或减轻外来冲击力的伤害(图8-11)。

图 8-11　安全帽示意图

(1)安全帽的构造与分类

安全帽的国家标准是《头部防护 安全帽》(GB 2811—2019)。其构造如图8-12所示。

帽壳由帽舌、帽沿、顶筋组成。帽衬是帽壳内部部件的总称,由帽箍、吸汗带、缓冲垫、衬带等组成。下颚带系在下巴上起辅助固定作用的带子,由系带、锁紧卡组成。

附件 附加于安全帽的装置,包括眼面部防护装置、耳部防护装置、主动降温装置、电感应装置、颈部防护装置、照明装置、警示标志等。

通气孔,应充分考虑由于散热不良给佩戴者带来的不适设置,同时帽衬同帽壳或缓冲垫之间应保留一定的空间,使空气可以流通。

顶戴
吸汗带
缓冲垫
下颚带
帽壳

图 8-12　安全帽构造图

(2)安全帽的分类
①按材料分类:
工程塑料:分热塑性材料和热固性材料两类。

橡胶料:有天然橡胶和合成橡胶。

下颏带用料:棉织带或化纤带。

②按照外形分类:无沿、小沿、卷边、中沿、大沿等。

③按照作业场所分类:普通安全帽和含特殊性能的安全帽。Y 表示一般作业类别的安全帽:T 表示特殊作业类别的安全帽。

普通安全帽适用于大部分工作场所,包括建设工地、工厂、电厂、交通运输等。这些场所可能存在:坠落物伤害、轻微磕碰、飞溅的小物品引起的打击等。特殊性能的安全帽可作为普通安全帽使用,具有普通安全帽的所有性能。特殊性能可以按照不同组合,适用于特定的场所。

图8-13 安全帽永久标识

(3)安全帽的标识

每顶安全帽的标识由永久标识和产品说明组成。

①永久标识

刻印、缝制、铆固标牌、模压或注塑在帽壳上的永久标志,包括:本标准编号:制造厂名:产品名称(由生产厂命名):生产日期(年、月):产品的特殊技术性能(如果有)(图8-13)。

②产品说明

每个安全帽均要附加一个含有下列内容的说明材料,可以使用印刷品、图册或耐磨不干胶贴等形式,提供给最终使用者。

8.5.2 安全带

安全带是防止高处作业人员发生坠落或发生坠落后将作业人员安全悬挂的个体防护装备。目前的国家标准是《安全带》(GB 6059—2009)与《坠落防护安全带系统性能测试方法》(GB/T 6096—2020),标准适用于体重及负重之和不大于 100kg 的使用者,不适用于体育运动、消防等用途的安全带。

(1)安全带的分类

按照使用条件的不同安全带分为围杆作业安全带、区域限制安全带、坠落悬挂安全带,安全带示意如图8-14 所示。

图8-14 安全带示意图

①围杆作业安全带是通过围绕在固定构造物上的绳或带将人体绑定在固定构造物附近,使作业人员的双手可以进行其他操作的安全带。

②区域限制安全带,用以限制作业人员活动范围,避免其到达可能发生坠落区域的安全带。

③坠落悬挂安全带是高处作业或登高人员发生坠落时,将作业人员安全提挂的安全带。

(2)安全带的技术要求

①安全带与身体接触的一面不应有突出物,结构应平滑。

②安全带不应使用回料或再生料,使用皮革不应有接缝。

③坠落悬挂安全带的安全绳同主带的连接点应固定于佩戴者的后背、后腰或胸前,不应位于腋下、腰侧或腹部。

④坠落悬挂安全带应带有一个足以装下连接器及安全绳的口袋。

⑤金属环类零件不应使用焊接件,不应留有开口。

⑥连接器的活门应有保险功能,应在两个明确的动作下才能打开。

⑦主带扎紧扣应可靠,不能意外开启。

⑧主带应是整根,不能有接头。宽度不应小于40mm,辅带宽度不应小于20mm。

⑨安全绳(包括未展开的缓冲器)有效长度不应大于2m,有两根安全绳(包括未展开的缓冲器)的安全带,其单根有效长度不应大于1.2m。

⑩护腰带整体硬挺度不应小于腰带的硬挺度,宽度不应小于80mm,长度不应小于600mm,接触腰的一面应为柔软、吸汗、透气的材料(图8-15)。

图8-15　安全带穿戴示意图

安全防护用品使用图如图8-16和图8-17所示。

8.5.3　安全网

(1)安全网的构造

安全网一般由网体、边绳、系绳、筋绳等组成,用来防止人、物坠落,或用来避免、减轻坠落及物击伤害的网具。

a)安全帽正确佩戴图　　　　　　b)安全带正确佩戴图

图8-16　安全防护用品正确使用图

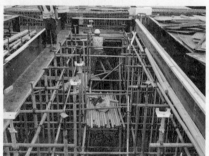

a)安全帽不正确使用图　　　　　　b)安全带不正确使用图

图8-17　安全防护用品不正确使用图

网体是由单丝、线、绳等经编织或采用其他成网工艺制成的,构成安全网主体的网状物,边绳是沿网体边缘与网体连接的绳;系绳是把安全网固定在支撑物上的绳,筋绳是为增加安全网强度而有规则地穿在网体上的绳(图8-18)。

a)安全网　　　　　　　　b)使用中的平网　　　　　　　c)立网合格证

图8-18　安全网示意图

（2）安全网的分类

安全网按功能分为安全平网、安全立网和密目式安全立网三类。安装平网平行于水平面,用来防止人、物坠落,或用来避免、减轻坠落及物击伤害的安全网,简称安全平网。安装平面垂直于水平面,用来防止人、物坠落,或用来避免、减轻坠落及物击伤害的安全网,简称为立网。网眼孔径不大于12mm,垂直于水平面安装,用于阻挡人员、视线、自然风、飞溅及失控小物体的网,简称为密目网。

(3)安全网的支搭方法

根据作业环境和作业高度,水平安全网分为首层网、层面网和随层网三种,各种水平网的支搭方法如下:

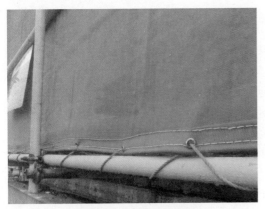

图8-19 密目网绑扎图

①首层水平网是施工时,在房屋外围地面以上的第一安全网,其主要作用是防止人、物坠落,支搭必须坚固可靠(图8-19)。凡高度在4m以上的建筑物,首层四周必须支搭固定3m宽的水平安全网。此网可以与外脚手架连接在一起,固定平网的挑架应与外脚手架连接牢固,斜杆应埋入土中50cm,平网应外高里低,一般以15cm为宜,网不宜绷挂,应用钢丝绳与挑架绷挂牢固。高度超过20m的建筑应支搭宽度为6m的水平网,高层建筑外无脚手架时,水平网可以直接在结构外墙搭网架,网架的立杆和斜杆必须埋入土中50cm或下垫5cm厚的木垫板,立杆斜杆的纵向间距不大于2m。挑网架端用钢丝绳直径不小于12.5mm,将网绷挂。首层网无论采用何种形式都必须做到:a.坚固可靠,受力后不变形;b.网底和网周围空间不准有脚手架。以免人坠落时碰到钢管;c.水平网下面不准堆放建筑材料,保持足够的空间;d.网的接口处连接必须严密,与建筑物之间的缝隙不大于10cm。

②安装平网时,网的负载高度一般不超过6m;因为施工需要超过6m的,最大不超过10m,并必须附加钢丝绳缓冲安全措施。正在施工工程的电梯井、采光井、螺旋式楼梯口,除必须设防护门外,还应在井口内首层,并每隔四层固定一道安全网;烟囱、水塔等独立体建筑物施工时,要在里、外脚手架的外围固定一道6m宽的双层安全网并内设一道安全网(图8-20)。

图8-20 安全平网

(4)安全网的一般使用规则

①使用时,应避免发生下列现象:a.随便拆除安全网的构件;b.人跳进或把物品投入安

全网内;c. 大量焊渣或其他火星落入安全网内;d. 在安全网内或下方堆积物品;e. 安全网周围有严重腐蚀性烟雾。

②对使用中的安全网。应进行定期或不定期的检查,并及时清理网上落物污染,当受到较大冲击后应及时更换。

8.5.4 其他个人防护用品

建筑工地除经常使用的安全带、安全帽外,主要还有以下个人防护用品:

(1)眼面部防护用品

眼面部的防护在劳动保护中占有很重要的地位。其功能是防止生产过程中产生的物质飞逸颗粒、火花、液体飞沫、热流、耀眼的光束、烟雾、熔融金属和有害射线等,可能给人的眼睛和面部造成的伤害。眼面部护具根据防护对象的不同,可分为防冲击眼面部护具、防辐射眼面部护具、防有害液体飞溅眼面部护具和防烟尘眼面部护具等。

(2)防触电的绝缘手套和绝缘鞋

为了防止触电,在电气作业和操作手持电动工具时,必须带橡胶手套或穿上带橡胶底的绝缘鞋。橡胶手套和橡胶底鞋的厚度应根据电压的高低来选择。

(3)防尘的自吸过滤式口罩

防尘的自吸过滤式口罩在建筑工地某些工地经常使用。它主要是通过各种过滤材料制作的口罩,过滤被灰尘、有毒物质污染了的空气,净化后供人呼吸。

习 题

(一)填空题

1. 安全带标准适用于体重及负重之和不大于( )kg 的使用者,不适用于体育运动、消防等用途的安全带。

2. 安全带主带应是整根,不能有接头,宽度不应小于( )mm,辅带宽度不应小于20mm。

3. 安全绳有效长度不大于( )m,有两根安全绳的安全带,其单根有效长度不应大于1.2m。

(二)选择题

1. 建筑施工安全"三宝"是指( )。
   A. 安全帽   B. 安全带   C. 安全网

2. 用于保护使用者的头部,减轻撞击伤害的安全防护用品是( )。
   A. 安全帽   B. 安全带   C. 安全网

3. 预防高处作业人员坠落伤亡的安全防护用品是( )。
   A. 安全帽   B. 安全带   C. 安全网

4. 用于防止人、物坠落,或用来避免、减轻人员坠落及物体打击伤害的安全防护用品是( )。

A. 安全帽　　　　　　　　B. 安全带　　　　　　C. 安全网

5. 建筑施工常用安全带属于?(　　　)

A. 围杆作业安全带　　　　　　　　　　B. 区域限制安全带

C. 坠落悬挂安全带

6. 首层安全平网无论采用何种形式都必须满足(　　　)。

A. 坚固可靠,受力后不变形

B. 网底和网周围空间不准有脚手架

C. 水平网下面不准堆放建筑材料

D. 网的接口处连接必须严密,与建筑物之间的缝隙不大于10cm

7. 安全网使用过程中应避免发生下列哪些现象(　　　)。

A. 随便拆除安全网的构件　　　　　　B. 人跳进或把物品投入安全网内

C. 大量焊渣或其他火星落入安全网内　　D. 在安全网内或下方堆积物品

E. 安全网周围有产重腐蚀性烟雾

(三)判断题

1. 安全帽是对人体头部受坠落物及其他特定因素引起的伤害起保护作用的帽,由帽壳、帽衬和下颏带、附件组成。　　　　　　　　　　　　　　　　　　　　　　(　　　)

2. 安全帽是采用具有一定强度的帽体、帽衬和缓冲结构构成,以承受和分散坠落物瞬间的冲击力,以便能使有害荷载分布在头盖骨的整个面积上。　　　　　　　　　　(　　　)

3. 普通安全帽适用于大部分工作场所,包括建设工地、工厂、电厂、交通运输等,这些场所可能存在坠落物伤害、轻微磕碰、飞溅的小物品引起的打击等。　　　　　　(　　　)

4. 坠落悬挂安全带的安全绳同主带的连接点应固定于佩戴者的后背、后腰或胸前,不应位于腋下、腰侧或腹部。　　　　　　　　　　　　　　　　　　　　　　　　(　　　)

5. 安装是平行于水平面,用来防止人、物坠落,或用来避免、减轻坠落及物击伤害的安全网,简称安全平网。　　　　　　　　　　　　　　　　　　　　　　　　　　(　　　)

6. 立网是安装平面垂直于水平面,用来防止人、物坠落,或用来避免,减轻坠落及物击伤害的安全网。　　　　　　　　　　　　　　　　　　　　　　　　　　　　(　　　)

7. 密目网是网眼孔径不大于12mm,垂直于水平面安装,用于阻挡人员、视线、自然风、飞溅及失控小物体的网。　　　　　　　　　　　　　　　　　　　　　　　　(　　　)

8.6　工伤预防及职业病防治

工伤是工作伤害的简称,亦称职业伤害,是指生产劳动过程中,由于外部因素直接作用而引起机体组织的突发性意外损伤。

工伤保险是社会保险制度中的重要组成部分,是指国家和社会为劳动者在生产经营活动中遭受意外伤害、患职业病,以及因这两种情况造成的死亡、劳动者暂时或永久丧失劳动能力时,给予劳动者及其亲属必要的医疗救治、生活保障、经济补偿、医疗康复、社会康复和职业康复等物质帮助的一种社会保障制度。

8.6.1　认定工伤的七种法定情形

依据《工伤保险条例》第十四条规定,应当认定为工伤的法定情形有七种:

(1)在工作时间和工作场所内,因工作原因受到事故伤害的。

认定要点:"三工"中最核心的因素的"工作原因",是构成工伤的充分条件,"工作场所"和"工作时间"更多的是证明工作原因的辅助因素,同时也对工作原因起补强的作用。在工作时间和工作场所内受到伤害,用人单位或者社会保险行政部门没有证据证明是非工作原因导致的,则推定为工作原因,亦可认定为工伤。

(2)工作时间前后在工作场所内,从事与工作有关的预备性或者收尾性工作受到事故伤害的。

认定要点:所谓"预备性工作",是指在工作前的一段合理时间内,从事与工作有关的准备工作。诸如运输、备料、准备工具等。所谓"收尾性工作",是指在工作后的一段合理时间内,从事与工作有关的收尾性工作,诸如清理、安全贮存、收拾工具和衣物等。

(3)在工作时间和工作场所内,因履行工作职责受到暴力等意外伤害的。

认定要点:"因履行工作职责受到暴力等意外伤害"包括两层含义,一层是指职工因履行工作职责,使某些人的不合理的或违法的目的没有达到,这些人出于报复而对该职工进行的暴力人身伤害;另一层是指在工作时间和工作场所内,职工因履行工作职责受到的意外伤害,诸如地震、厂区失火、车间房屋倒塌以及由于单位其他设施不安全而造成的伤害等。

"因履行工作职责受到暴力等意外伤害"中的因履行工作职责受到暴力伤害是指受到的暴力伤害与履行工作职责有因果关系。

(4)患职业病的。

认定要点:职业病必须是职工在职业活动中引起的疾病。如果某人患有职业病目录中规定的某种疾病,但不是在职业活动中因接触粉尘、放射性物质或其他有毒、有害物质等因素引起的,而是由于其居住环境周围有生产有毒物品的单位引起的,那么,该人的这种疾病就不属于工伤保险条例中所称的职业病。

职业病诊断和诊断争议的鉴定,依照《职业病防治法》的有关规定执行。对依法取得职业病诊断证明书或者职业病诊断鉴定书的,社会保险行政部门不再进行调查核实,可直接认定工伤。

(5)因工外出期间,由于工作原因受到伤害或者发生事故下落不明的。

认定要点:因工外出期间包括:①职工受用人单位唱派或者因工作需要在工作场所以外从事与工作职责有关的活动期间;②职工受用人单位指派外出学习或者开会期间;③职工因工作需要的其他外出活动期间。

职工因工外出期间从事与工作或者受用人单位指派外出学习、开会无关的个人活动受到伤害,不能认定工伤。

职工因工作原因驻外,有固定的住所、有明确的作息时间,工伤认定时按照在驻在地当地正常工作的情形处理。

职工因工外出期间发生事故下落不明的,从事故发生当月起3个月内照发工资,从第4个月起停发工资,由工伤保险基金向其供养亲属按月支付供养亲属抚恤金。生活有困难的,可以预支一次性工亡补助金的50%。职工被人民法院宣告死亡的,按照本条例第三十九条职工因工死亡的规定处理。

(6)在上下班途中,受到非本人主要责任的交通事故或者城市轨道交通、客运轮渡、火车事故伤害的。

认定要点:"上下班途中"包括:①在合理时间内往返于工作地与住所地、经常居住地、单位宿舍的合理路线的上下班途;②在合理时间内往返于工作地与配偶、父母、子女居住地的合理路线的上下班途中;③从事属于日常工作生活所需要的活动,且在合理时间和合理路线的上下班途中;④在合理时间内其他合理路线的上下班途中。

"非本人主要责任"事故包括非本人主要责任的交通事故和非本人主要责任的城市轨道交通、客运轮渡和火车事故。

"交通事故"是指《道路交通安全法》第一百一十九条规定的车辆在道路上因过错或者意外造成的人身伤亡或者财产损失事件。"车辆"是指机动车和非机动车;"道路"是指公路、城市道路和虽不在单位管辖范围但允许社会机动车通行的地方,包括广场、公共停车场等用于公众通行的场所。

(7)法律、行政法规规定应当认定为工伤的其他情形。

8.6.2 视同工伤的情形

(1)在工作时间和工作岗位,突发疾病死亡或者在48h之内经抢救无效死亡的。

认定要点:"突发疾病"包括各类疾病,不要求与工作有关联。"48h"的起算时间,以医疗机构的初次诊断时间作为突发疾病的起算时间。

注意:职工虽然是在工作时间和工作岗位突发疾病,经过48h抢救之后才死亡的,不属于视同工伤的情形。

(2)在抢险救灾等维护国家利益、公共利益活动中受到伤害的。

认定要点:本项仅列举了抢险救灾这种情形,但凡是与抢险救灾性质类似的行为,都应当认定为属于维护国家利益和维护公共利益的行为。维护国家利益、公共利益活动中受到伤害的,无需符合工作时间、工作地点、工作原因等因素。

(3)职工原在军队服役,因战、因公负伤致残,已取得革命伤残军人证,到用人单位后旧伤复发的。

认定要点:已取得革命伤残军人证的职工在用人单位旧伤复发,一次性伤残补助金不再享受,但其它工伤保险待遇均可享受。

8.6.3 不得认定工伤或视同工伤的情形

依据《工伤保险条例》第十六条的规定,职工有下列情形之一的,不得认定为工伤或者视同工伤:

(1)故意犯罪的

认定要点:"明知自己的行为会发生危害社会的结果,并且希望或者放任这种结果发生,因而构成犯罪的,是故意犯罪"。"故意犯罪"的认定,应当以刑事侦查机关、检察机关和审判机关的生效法律文书或者结论性意见为依据。过失犯罪不影响工伤认定,比如交通肇事罪、重大责任事故罪。

(2)醉酒或者吸毒的

认定要点:对于醉酒标准,可以参照《车辆驾驶人员血砸、呼气酒精含量阈值与检验》(GB 19522—2010)。这一标准规定:驾驶人员血液中的酒精含量大于(等于)20mg(100mL)、小于80mg(100mL)的行为属于饮酒驾车,含量大于(等于)80mg(100mL)的行为属于醉酒驾车。公安机关交通管理部门、医疗机构等有关单位依法出具的检测结论、诊断证明等材料,可以作为认定醉酒的依据。

(3)自残或者自杀的

认定要点:"自残"是指通过各种手段和方式伤害自己的身体,并造成伤害结果的行为。"自杀"是指通过各种手段和方式结束自己生命的行为。自残或者自杀与工作没有必然联系,因此,不能认定工伤。

8.6.4 工伤认定申请应当提交的材料

(1)工伤认定申请表。

(2)与用人单位存在劳动关系(包括事实劳动关系)的证明材料。

(3)医疗诊断证明或者职业病诊断证明书(或者职业病诊断鉴定书)。

工伤认定申请表应当包括事故发生的时间、地点、原因以及职工伤害程度等基本情况。

工伤认定申请人提供材料不完整的,劳动保障行政部门应当一次性书面告知工伤认定申请人需要补正的全部材料。申请人按照书面告知要求补正材料后,劳动保障行政部门应当受理。

8.6.5 工伤认定相关事项

(1)用人单位一方的申请时限

职工发生事故伤害或者按照职业病防治法规定被诊断、鉴定为职业病,所在单位应当自事故伤害发生之日或者被诊断、鉴定为职业病之日起 30 日内,向所在地区社会保险行政部门提出工伤认定申请。遇有特殊情况,经报社会保险行政部门同意,申请时限可以适当延长。

(2)劳动者一方的申请时限

用人单位未在规定的时限内提出工伤认定申请的,受伤害职工或者其近亲属、工会组织在事故伤害发生之日或者被诊断、鉴定为职业病之日起 1 年内,可以直接按照《工伤认定办法》规定提出工伤认定申请。

(3)工伤认定提交材料

提出工伤认定申请应当填写《工伤认定申请表》,并提交下列材料:

①劳动、聘用合同文本复印件或者与用人单位存在劳动关系(包括事实劳动关系)、人事关系的其他证明材料;

②医疗机构出具的受伤后诊断证明书或者职业病诊断证明书(或者职业病诊断鉴定书)。

(4)工伤认定时限

①受理时限

社会保险行政部门收到工伤认定申请后,应当在15日内对申请人提交的材料进行审核,材料完整的,作出受理或者不予受理的决定。材料不完整的,应当以书面形式一次性告知申请人需要补正的全部材料。社会保险行政部门收到申请人提交的全部补正材料后,应当在15日内作出受理或者不予受理的决定。

②认定时限

社会保险行政部门应当自受理工伤认定申请之日起60日内作出工伤认定决定,出具《认定工伤决定书》或者《不予认定工伤决定书》。

习　题

(一)填空题

1. 驾驶人员血液中的酒精含量大于等于(　　)mg(100mL)、小于(　　)mg(100mL)的行为属于饮酒驾车。

2. 驾驶人员血液中的酒精含量大于等于(　　)mg(100mL)的行为属于醉酒驾车。

3. 职工发生事故伤害或者按照职业病防治法规定被诊断、鉴定为职业病,所在单位应当自事故伤害发生之日或者被诊断、鉴定为职业病之日起(　　)日内,向统筹地区社会保险行政部门提出工伤认定申请。

(二)选择题

1. 明知自己的行为会发生危害社会的结果,并且希望或者放任这种结果发生,因而构成犯罪的,是(　　)。

　　A. 过失犯罪　　　　　B. 不作为犯罪　　　　　C. 意外犯罪　　　　　D. 故意犯罪

2. 以下情况中哪些情形可以认定为工伤。(　　)

　　A. 在工作时间和工作场所内,因工作原因受到事故伤害的

　　B. 工作时间前后在工作场所内,从事与工作有关的预备性或者收尾性工作受到事故伤害的

　　C. 在工作时间和工作场所内,因履行工作职责受到暴力等意外伤害的

　　D. 患职业病的

3. 以下情况中哪些情形可以视同为工伤。(　　)

　　A. 在工作时间和工作岗位,突发疾病死亡或者在48小时之内经抢救无效死亡的

　　B. 在抢险救灾等维护国家利益、公共利益活动中受到伤害的

　　C. 职工原在军队服役,因战、因公负伤致残,已取得革命伤残军人证,到用人单位后旧伤复发的

4. 以下情况中哪些情形不得认定工伤或视同工伤。(　　)

A. 故意犯罪的   B. 醉酒或者吸毒的   C. 自残或者自杀的

5. 工伤认定申请应当提交以下哪些材料。(   )

A. 工伤认定申请表

B. 与用人单位存在劳动关系证明材料

C. 医疗诊断证明或者职业病诊断证明书

(三)判断题

1. 因工外出期间,由于工作原因受到伤害或者发生事故下落不明的,可以认定为工伤。

(   )

2. 在上下班途中,受到非本人主要责任的交通事故或者城市轨道交通、客运轮渡、火车事故伤害的,可以认定为工伤。 (   )

3. 已取得革命伤残军人证的职工在用人单位旧伤复发,一次性伤残补助金不再享受,但其它工伤保险待遇均可享受。 (   )

4. 对依法取得职业病诊断证明书或者职业病诊断鉴定书的,社会保险行政部门要进行调查核实,不可直接认定工伤。 (   )

8.7 疫情防控

8.7.1 新型冠状病毒

新型冠状病毒是以前从未在人体中发现的冠状病毒新毒株。从武汉市不明原因肺炎患者下呼吸道分离出的冠状病毒为一种新型冠状病毒,世界卫生组织(WHO)将其命名为2019新型冠状病毒。

(1)新型冠状病毒传播的途径

①接触传播:触摸被污染的物体表面,然后用脏手触碰嘴巴、鼻子或眼睛,这些均为新型冠状病毒可能的传播途径。

②飞沫传播:通过咳嗽或打喷嚏在空气传播,飞沫随着空气在飘荡,如果没有防护,非常容易中招。新冠肺炎宣传牌如图8-21所示。

(2)新型冠状病毒感染的肺炎临床表现

患者主要临床表现为发热、乏力,呼吸道症状以干咳为主,并逐渐出现呼吸困难,严重者表现为急性呼吸窘迫综合征、脓毒症休克、难以纠正的代谢性酸中毒和出凝血功能障碍。部分患者发病初期症状轻微,可无发热现象。多数患者为中轻症,预后良好,少数患者病情

图8-21　新冠肺炎宣传牌

危重，甚至死亡。

（3）新型冠状病毒的易感人群

国家卫健委最新发布的《关于做好儿童和孕产妇新型冠状病毒感染的肺炎疫情防控工作的通知》，其中明确"儿童和孕产妇是新型冠状病毒感染的肺炎的易感人群"。并提出，儿童应尽量避免外出；母亲在母乳喂养时要佩戴口罩，洗净手，保持局部卫生。

（4）新型冠状病毒的潜伏期

新型冠状病毒的潜伏期一般为 3～7 天，最短的有 1 天发病。

（5）密切接触者

即与病例发病后有如下接触情形之一，但未采取有效防护者。

①与病例共同居住、学习、工作、或其他有密切接触的人员，如与病例近距离工作或共用同一教室或与病例在同一所房屋中生活。

②诊疗、护理、探视病例的医护人员、家属或其他与病例有类似近距离接触的人员，如直接治疗及护理病例、到病例所在的密闭环境中探视病人或停留。病例同病室的其他患者及其陪护人员。

③与病例乘坐同一交通工具并有近距离接触人员、包括在交通工具上照料护理过病人的人员；该病人的同行人员（家人、同事、朋友等）；经调查评估后发现有可能近距离接触病人的其他乘客和乘务人员。

④现场调查人员调查后经评估认为符合其他与密切接触者接触的人员。

（6）密切接触者应对措施

居家或集中隔离医学观察，观察期限为自最后一次与病例发生无有效防护的接触或可疑暴露后 14 天。居家医学观察时应独立居住，尽可能减少与其他人员的接触。如果必须外出，需经医学观察管理人员批准，并要佩戴一次性外科口罩，避免去人群密集场所。医学观察期间，应配合指定的管理人员每天早、晚各进行一次体温测量，并如实告知健康状况。医学观察期间出现发热、咳嗽、气促等急性呼吸道感染症状者，应立即到定点医疗机构诊治。医学观察期满时，如未出现上述症状，则解除医学观察。

（7）密切接触者医学观察 14 天的原因

目前对密切接触者采取较为严格的医学观察等预防性公共卫生措施十分必要，这是一种对公众健康安全负责任的态度，也是国际社会通行的做法。参考其他冠状病毒所致疾病潜伏期、此次新型冠状病毒病例相关信息及当前防控实际，将密切接触者医学观察期定为 14 天，并对密切接触者进行医学观察。

（8）如果接到疾控部门通知，不用恐慌，按照要求进行居家或集中隔离医学观察。如果是在家中进行医学观察，请不要上班，不要随便外出，做好自我身体状况观察，定期接受社区医生随访，如果出现发热、咳嗽等异常临床表现，及时向当地疾病预防控制机构报告，在其指导下到指定医疗机构进行排查、诊治等。

8.7.2　新冠疫情的日常防控

（1）勤洗手

在咳嗽或打喷嚏后，照护病人时，制备食品之前、期间和之后，饭前、便后，手脏时，处理动物或动物排泄物后,记得洗手。手脏时,用肥皂和自来水洗;手不是特别脏,可用肥皂和水或含酒精的洗手液洗手。

(2)咳嗽和打喷嚏要防护

在咳嗽或打喷嚏时,用纸巾或袖口或屈肘将口鼻完全遮住,并将用过的纸巾立刻扔进封闭式垃圾箱内。咳嗽或打喷嚏后,别忘了用肥皂和清水或含酒精洗手液清洗双手。在公共场所,不要随意用手触摸眼睛、鼻子或嘴巴,不要随意吐痰。

(3)避免与特定人群接触

因被新型冠状病毒感染后大多表现为呼吸道症状,因此应避免与任何有感冒或类似流感症状的人密切接触。保持正常社交距离(1m线)。

(4)肉类彻底煮熟后食用

注意食品安全,处理生食和熟食的切菜板及刀具要分开,处理生食和熟食间要洗手。即使在发生疫情的地区,如果肉食在食品制备过程中予以彻底烹饪妥善处理,也可安全食用。

(5)生鲜市场采购注意防护

生鲜市场采购可通过以下方式进行预防。接触动物和动物产品后,用肥皂清水洗手,避免触摸眼、鼻、口,避免与生病的动物和变质的肉接触,避免与场里的流浪动物、垃圾废水接触。

(6)正确佩戴口罩

第一步先洗手,最好用肥皂或消毒剂;第二步确认内外,鼻梁片露出部分朝外,金属条一边朝上;第三步把口、鼻、下巴全部罩住;第四步捏紧鼻梁片,贴紧鼻梁。

(7)发现疑似病例后立即做好隔离,并立即上报,及时做好相关的制控工作。

图 8-22　疫情防控政策宣传图

8.7.3　建设工程项目的疫情防控

(1)复工前的准备工作

①成立建设、施工、监理单位共同组成的项目防疫领导工作小组,并公示。

②建立疫情防控档案资料体系。资料体系应包含本工程疫情防护方案,人员实名制管理台账、疫情防护物资清单、本工程疫情防护方案等所有管理记录。

③制订应急处理预案,包括隔离措施、应急交通车辆、送医医疗路线、定直医院联系等预案。疫情防控政策宣传如图 8-22 所示。

(2)疫情防护物资储备

①免洗抗病毒手消毒液、医用酒精、84 消毒液、二氧化氯泡腾片等。

②每个检测组至少配备一把手持式红外线测温枪,农用手压摇背式气压防疫消毒喷雾器 2 台。

③个人防护用品:医用外科口罩,防护服,防护眼镜,一次性乳胶手套等。口罩、消毒液

等储备不少于一周用量,如口罩数量 = 总人数 × 2 × 7。

(3)疫情防控设施

①出入口必须配置至少一间防控室,可结合保安室使用。

②设置隔离区。隔离观察室宿舍按照项目人数每 50 人设置 1 间(不足 50 人按 50 人计),符合属地疾病防控部门要求。施工现场职工健康服务站如图 8-23 所示。

③厕所和餐厅设置不少于一个洗手台,配备洗护用品。

④每个防控室门口设置不少于一个口罩回收桶。

⑤在工地出入口、办公区进出口和生活区进出口等处设置一个疫情公示栏,用于及张贴最新的政府公告及相关文件。

(4)卫生条件

食堂、卫生间、宿舍等关键部位,其卫生标准应符合《建筑施工现场环境与卫生标准》(JGJ 146—2013)要求。

(5)疫情防控复工条件检查

项目建设单位在资料准备齐全、疫情防护物资到位、防疫防控设施完善,卫生条件符合

图 8-23　施工现场职工健康服务站

标准后组织监理单位、施工单位共同对资料、物资、卫生条件进行验收并签字确认。

(6)入场排查和防疫教育

①全面排查常住人员包括所有作业及管理人员,所有建设、监理、施工单位人员进场前必须严格按照《人员信息登记表》进行摸排登记,重点摸排来自疫区人员情况,包括要求提供车票、机票等出行证明材料。

②从中高风险地区返场人员应进行 14 天自行居家医学隔离,身体无异常情况后再行上班。

③常住人员进出施工现场和生活区必须进行体温测量和登记。

④入场人员必须接受疫情防控安全教育。疫情教育分批以采用观看视频、PPT 讲解、发放防控资料等形式进行,并不得少于 1 课时。

⑤及时宣贯培训国家、地方疫情防控部门、建设行政主管部门等发布的最新疫情防控具体要求。疫情宣传栏如图 8-24 所示。

(7)工地日常管理

疫情防控期间,所有人员应减少聚集时间,分批分流进行生活、生产等活动。对所有人员实行出人证管理,严禁无出人证人员进人施工场地,所有进场人员必须做好登记并形成台账。

①一个工地施工现场原则上只能设置一个出入口。

②所有人员进出工地、办公区、生活区出入口均须测量体温(图 8-25)。

③发现异常按照应急预案进行处置。

④无出人证、未佩戴口罩等防护措施的所有人员严禁进入工地、办公区和生活区。

图8-24 施工现场疫情宣传栏

图8-25 出入口体温测量登记

（8）生活区管理

①同一班组安排在同一宿舍或相邻宿舍，每个宿舍不得超过6个人。

②同一班组采取分时、分区、分批就餐、洗漱、洗澡。

③每天定时两次对生活区所有人员进行体温测量，发现异常及时启动应急预案。

（9）食堂管理

①严格执行食品采购、加工、存储等卫生标准要求，工地食堂不得违规宰杀、处置家禽和野生动物，确保食品安全。

图8-26 公共场所消毒

②采用分地用餐、错峰用餐、食堂打包配送等方式相结合，减少人员聚集。

（10）防控消毒制度

消毒组必须对厕所、浴室、办公室等公共场所做好消毒工作，要求如下：

①厕所、浴室的便池、地面要定期使用84消毒液进行喷洒消毒（图8-26）。

②餐厅餐桌椅、空气及地面可用84消毒液在每日餐后进行喷洒或擦拭消毒处理。

③对餐具可煮沸半个小时进行消毒处理。

④定期使用雾炮机或农用手压摇背式喷雾器喷洒84消毒液对办公室、宿舍、生活区院落、办公区院落及主要出入口进行消毒。

⑤居家或集中隔离医学观察，观察期限为自最后一次与病例发生无有效防护的接触或可疑暴露后14天。

习　题

（一）选择题

1. 新冠病毒传播的方式包括（　　）。

　A. 飞沫传播　　　　　　　　　　　　　B. 接触传播

2. 与发病病例接触但未采取有效防护者密切接触者包括（　　）。

A. 与病例共同居住、学习、工作、或其他有密切接触的人员

B. 诊疗、护理、探视病例的医护人员、家属或其他与病例有类似近距离接触的人员

C. 与病例乘坐同一交通工具并有近距离接触人员

3. 新冠疫情的日常防控有( )。

A. 勤洗手 B. 咳嗽和打喷嚏要防护

C. 避免与特定人群接触 D. 肉类彻底煮熟后食用

E. 正确佩戴口罩

(二)判断题

1. 新型冠状病毒感染主要临床表现为发热、乏力,呼吸道症状以干咳为主,并逐渐出现呼吸困难情况。 ( )

2. 儿童和孕产妇是新型冠状病毒感染的肺炎的易感人群。 ( )

3. 新型冠状病毒的潜伏期一般为 3～7 天,最短的有 1 天发病。 ( )

4. 触摸被污染的物体表面,然后用脏手触碰嘴巴、鼻子或眼睛,这些均为新型冠状病毒可能的传播途径。 ( )

5. 咳嗽或打喷嚏飞沫随着空气在飘荡,如果没有防护,也会造成新型冠状病毒传播。

( )

6. 医学观察期间,应配合指定的管理人员每天早、晚各进行一次体温测量,并如实告知健康状况。 ( )

7. 居家或集中隔离医学观察,观察期限为自最后一次与病例发生无有效防护的接触或可疑暴露后 7 天。 ( )

8. 在咳嗽或打喷嚏时,用纸巾或袖口或屈肘将口鼻完全遮住,并将用过的纸巾立刻扔进封闭式垃圾箱内。 ( )

9. 餐具煮沸半个小时可达到消毒的效果。 ( )

习 题 答 案

参 考 文 献

[1] 中国建筑工业出版社.现行建筑施工规范大全[M].北京:中国建筑工业出版社,2014.

[2] 李钰.建筑施工安全[J].建筑工人,2009,040(004):51-52.

[3] 李慧民.土木工程安全生产与事故案例分析[M].北京:冶金工业出版社,2015.

[4] 李君.建设工程职业健康安全管理及案例[M].北京:中国电力出版社,2013.

[5] 叶刚.建筑施工安全手册[M].北京:金盾出版社,2005.